W0002428

IOANNIS KEPPLERI.
Mathematici Cæsarei.
hanc Imaginem.
ARGENTORATENSI BIBLIOTHECÆ
Consecr.
MATTHIAS BERNECCERVS.
Kal. Ianuar. Anno Chr.
M. DC. XXVII

Johannes Kepler

dargestellt von Mechthild Lemcke

Rowohlt

rowohlts monographien begründet von Kurt Kusenberg
herausgegeben von Wolfgang Müller

Redaktionsassistenz: Katrin Finkemeier
Umschlaggestaltung: Walter Hellmann
Vorderseite: Anonymus: Johannes Kepler, um 1620 (das einzige Bild von Kepler, das er, wenn auch mit Einschränkungen, autorisiert hat) (Fondation St. Thomas, Straßburg)
Rückseite: Illustration der ineinander verschachtelten platonischen Körper.
(Aus: Johannnes Kepler: *Mysterium cosmographicum* [Ausschnitt])

Dieser Band ersetzt die 1971 erschienene Monographie über Johannes Kepler von Johannes Hemleben

Originalausgabe
Veröffentlicht im Rowohlt Taschenbuch Verlag GmbH
Reinbek bei Hamburg, März 1995

Satz Times PostScript Linotype Library, Quark XPress 3.3
Gesamtherstellung Clausen & Bosse, Leck
Printed in Germany
1290-ISBN 3 499 50529 0

Inhalt

BIBLIOTHECÆ

Cæsarei
BIBLIOTHECÆ

Vorbemerkung

Keplers Lebens- und Arbeitsweg nachzuzeichnen, ohne in Heldenverklärung einerseits und Profanierung andererseits (‹Kepler zum Anfassen›) zu verfallen, war Ziel meiner Arbeit. Im Bewußtsein, daß jede Auswahl von Zitaten, jede Hervorhebung einzelner Ereignisse Akzente setzt, die ein bestimmtes Bild ergeben, will Ihnen die beigefügte Galerie von Kepler-Bildern einen Eindruck vermitteln von der Vielzahl möglicher anderer Akzentsetzungen. Bevor ich Sie nun bitte, sich I h r e n Kepler zu erlesen, möchte ich meiner Familie danken, die mich während der Arbeit an diesem Buch in jeder Hinsicht unterstützt hat.

Kepler-Porträts aus dem 17. bis 20. Jahrhundert

Ein Leben im Umbruch

Umbruchzeiten sind Krisenzeiten: Das Alte ist nicht mehr bestimmend, das Neue noch unbestimmt. Keplers Lebenszeit – die Jahre zwischen Renaissance, Reformation und Gegenreformation – war geprägt von zahlreichen Spannungen: Die Neuentdeckung verschollen geglaubter Schriften Platons hatte der Philosophie zur Zeit der Renaissance neue Impulse gegeben und eine intensive Auseinandersetzung mit klassischer Philologie und Textkritik eingeleitet. Die Reformationsbewegung knüpfte mit Martin Luthers Übersetzung der Bibel ins Deutsche an diese Tradition an. Die Erfindung des Buchdrucks mit beweglichen Lettern tat ein übriges, klassische Texte ebenso wie das übersetzte Evangelium und konfessionelle Streitschriften zu verbreiten.

Luthers Reformideen fanden breite Zustimmung in der Bevölkerung, führten jedoch – nachdem etliche Einigungsversuche zwischen Katholiken und Protestanten ergebnislos verlaufen waren – zu einer Verhärtung der Fronten. Der Reformeifer blieb indessen nicht bei Luthers Vorstoß stehen: Mit Zwingli und Calvin traten neue Reformkonzepte auf den Plan. Die Spielarten des Protestantismus kämpften dabei untereinander oft erbitterter und unduldsamer als gegen die römische Amtskirche; diese versuchte ihrerseits – etwa durch Gründung des Jesuitenordens – der Neuerungswelle zu begegnen.

Um sich gegenüber anderen Gruppierungen abzugrenzen, gingen die neugegründeten Glaubensgemeinschaften gegen Mitte des 16. Jahrhunderts dazu über, ihren Glauben in sogenannten Konfessionen aufzuzeichnen. Diese Festlegung leitete jedoch – entgegen dem ursprünglichen Grundsatz, nur die Heilige Schrift als maßgeblich anzuerkennen – einen Prozeß der Dogmatisierung und Entmündigung ein, die zuvor an der römischen Amtskirche kritisiert worden waren.

Reformation und Gegenreformation waren zugleich untrennbar verknüpft mit der Auseinandersetzung um die Frage, wer in Glaubensdingen die Oberhand behalten solle – die staatlichen oder die kirchlichen Instanzen. Im Augsburger Religionsfrieden vom September 1555 war es der Landesherrschaft überlassen worden, sich entweder für die lutherische oder die katholische Konfession zu entscheiden, eine Entscheidung, die dann für alle Untertanen nach der Devise «Cuius regio eius religio» verbindlich sein sollte. Die Bestimmungen des Augsburger Religonsfriedens trugen zwar zunächst zu gegenseitiger Duldung bei, enthielten indes soviel Auslegungsspielraum, daß sie ihrerseits zur Quelle ständiger Spannungen wurden, die sich schließlich im Dreißigjährigen Krieg entladen sollten.

So wurde das Zeitalter der Glaubenskriege zum Auftakt für die Entstehung absolutistischer Staaten: Die Landesherren suchten die in Ständen zusammengefaßten Zwischengewalten durch den Aufbau einer zentralen Verwaltung in ihrer Bedeutung herabzumindern oder aber sie direkt in Abhängigkeit zu bringen. Die Konfessionen spielten in diesem Machtkampf die Rolle des Züngleins an der Waage, wobei sich ihre Vertreter meist auf die Seite schlugen, die ihnen am meisten zu bieten versprach. Kirchliche und staatliche Machtinteressen gingen dabei oft eine alles andere als heilige Allianz ein.

Auch in den Wissenschaften war vieles im Umbruch; der humanistische Elan wirkte noch nach, doch gab es erste Zeichen für eine Gegenbewegung: Die Renaissance hatte mit ihrer Verehrung des klassischen Altertums den Bildungskanon erweitert und reformiert. Der Schwerpunkt der Ausbildung lag auf dem Erlernen und der eleganten Handhabung der lateinischen und griechischen Sprache. Die «heidnischen» Anteile der klassischen Bildung erschienen dem Protestantismus jedoch zunehmend suspekt und wurden schließlich offen bekämpft.

Neben das sehr stark an sprachlicher und bildlicher Symbolik orientierte Denken von Renaissance und Humanismus trat im Verlauf des 16. Jahrhunderts ein am Quantitativen und Meßbaren orientierter Rationalismus und Empirismus, der die Trennung von Glauben und Wissen betrieb. Doch diese Entwicklung deutete sich zu Keplers Zeit erst an und zeigte sich in einem Auseinanderdriften von Physik und Metaphysik, von Naturwissenschaft und Philosophie bzw. Theologie.

Abseits der Universitäten fristete die Ingenieurskunst ein Schattendasein als sogenannte unfreie Kunst; anders als die klassischen «Freien Künste» Grammatik, Dialektik, Rhetorik, Geometrie, Arithmetik, Astronomie und Musik, die seit alters als eines freien Mannes für würdig erachtet wurden, war sie wegen ihrer Ausrichtung auf praktische Nutzanwendung zwar geschätzt, aber nicht geachtet. Zur Zeit der Renaissance hatte sie vor allen Dingen im Zusammenhang mit der Erfindung von Kriegstechnologien (Pulvergeschütze, Sprenggeschosse) einen beträchtlichen Aufschwung genommen. Nun kündigte sich, unter anderem mit Galileis ballistischen Experimenten – ein Brückenschlag zwischen Wissenschaft und angewandter Technik an. Neu daran war, daß technische Themen Eingang in die akademische Bildung fanden. Damit begann sich die Trennung von «freier» und «unfreier» Kunst aufzulösen. Daß damit der Siegeszug der Naturwissenschaften eingeleitet wurde, die später die Geisteswissenschaften als Leitwissenschaft ablösen sollten, war damals freilich noch nicht abzusehen.

Im 16. und 17. Jahrhundert machten aber auch technische Neuerungen wie die Erfindung der Taschenuhr, des Fernrohrs und des Mikroskops Messungen und Untersuchungen möglich, von denen man vorher nur hatte träumen können. Eine sich rasch entwickelnde Mathematik, die zu Keplers Zeit auch noch zahlenmystische Spekulationen einbegriff, ließ viele zuvor unerschlossene Bereiche berechenbar erscheinen.[1] William Gilberts um 1600 entwickelte Lehre vom Erdmagnetismus bestätigte die Vermutung, es gäbe eine Fernwirkung von Kräften. Doch in Nikolaus Kopernikus' heliozentrischem Modell unseres Planetensystems kulminierten die Spannungen und Verwerfungen der Epoche; hier fanden sie ihren bahnbrechenden Ausdruck. Sein Modell forderte zum Überdenken der Stellung der Erde – und damit auch der des Menschen – im Kosmos heraus: Der zentrale Ort des Heimatplaneten stand zur Disposition und damit auch die Frage, ob Gott die Welt für den Menschen geschaffen habe. Hätte Kopernikus in «De revolutionibus» nur eine spezifisch astronomische Frage aufgeworfen, die keine weiteren Konsequenzen nach sich zu ziehen versprach, wäre er wohl nie ins Kreuzfreuer der Kritik geraten.

Kindheit und Ausbildung

Als Johannes Kepler am 27. Dezember 1571 – am Tag des heiligen Johannes, der ihm den Namen gab – in Weil der Stadt zur Welt kam, war Kopernikus bereits 28 Jahre tot. Die lutherische Familie, in die Johannes hineingeboren wurde, gehörte zu den Neureichen der kleinen freien Reichsstadt[2], die an die 1000 Einwohner zählte und vorwiegend von Katholiken bewohnt wurde. Das Weil der Stadt umgebende Herzogtum Württemberg wurde seit 1534 protestantisch regiert. Da Weil der Stadt damals weder einen protestantischen Pfarrer noch eine evangelische Kirche besaß, steht zu vermuten, daß Johannes Kepler in der örtlichen katholischen Kirche getauft wurde. Dafür sprechen die zahlreichen Äußerungen Keplers, er sei Mitglied der katholischen – im Sinne von allgemeinen – Kirche.

Kepler berichtet, er sei als Siebenmonatskind zur Welt gekommen.[3] Mutmaßungen, die diese Auskunft in Zweifel ziehen und von einer durch Schwangerschaft erzwungenen, nicht standesgemäßen Ehe sprechen, mögen plausibel klingen, lassen sich aber heute kaum erhärten.[4] Der schwere Stand, den Keplers Mutter im Haus ihrer Schwiegereltern hatte, und der unglückliche Verlauf ihrer Ehe mögen jedoch für diese Vermutung sprechen.

Keplers Eltern hatten am 15. Mai 1571 in Weil der Stadt geheiratet. Der Vater, Heinrich Kepler (geb. 19.1.1547), war das vierte, aber älteste überlebende Kind des Bürgermeisters von Weil der Stadt, Schankwirts und Handelstreibenden Sebald Kepler[5] und seiner Frau Katharina. Die Mutter, Katharina Guldenmann (geb. 8.11.1547), war die Tochter des Gastwirts und Bürgermeisters von Eltingen, Melchior Guldenmann, und seiner Frau Margarethe. Katharina Guldenmann war nach dem frühen Tod ihrer Mutter bei einer Base in Weil der Stadt aufgewachsen und hatte wohl gelegentlich in der Gastwirtschaft «Zum Engel» ihres späteren Schwiegervaters ausgeholfen.[6]

Heinrich Kepler hatte im väterlichen Geschäft mitgearbeitet und war dabei in einen handgreiflichen Streit um einen Stoffkauf verwickelt worden, der vor dem Rat geschlichtet werden mußte.[7] Nach seiner Eheschließung begann er ein eigenes Handelsgeschäft.[8] Die Jungvermählten

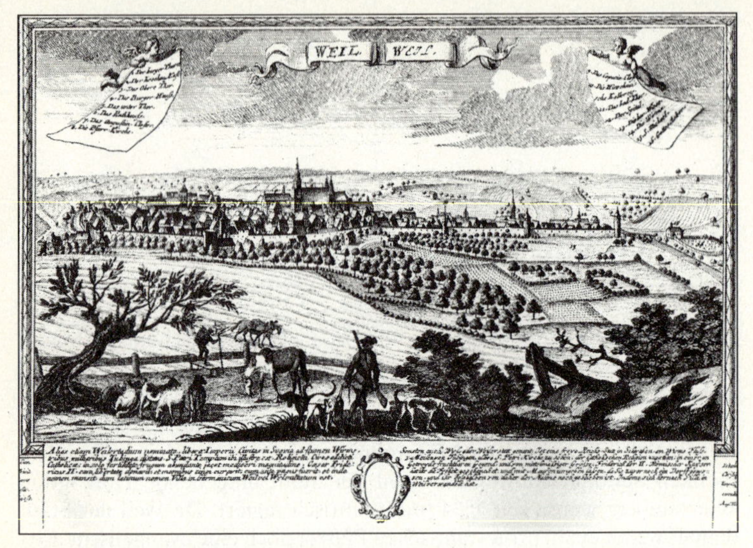

Weil der Stadt. Kupferstich von Johann Christian Leopold, um 1740

wurden mit einer beträchtlichen Mitgift[9] ausgestattet und zogen in das Haus der Familie Kepler, das an einer Ecke des Weil der Städter Marktplatzes lag und liegt. Das damalige Haus fiel Ende des Dreißigjährigen Krieges einem Brand zum Opfer; man vermutet, daß es auf den alten Fundamenten in wenig veränderter Form wieder aufgebaut wurde.

Die häuslichen Verhältnisse werden als außerordentlich spannungsgeladen geschildert. Insbesondere scheint es zwischen Katharina, der Mutter Heinrichs, und ihrer Schwiegertochter – ebenfalls Katharina – zu heftigen Auseinandersetzungen gekommen zu sein. Auch das Verhältnis der beiden jungen Eheleute war wohl nicht das beste. Mit seltener, astrologisch begründeter Distanz charakterisiert Kepler im Alter von 25 Jahren seine Verwandten: Seinen Großvater Sebald schildert er als *jähzornig, starrköpfig, seine Miene verriet Sinnlichkeit. Das Gesicht war rot und ziemlich fleischig; der Bart verlieh ihm ein gewichtiges Aussehen,* seine Großmutter Katharina als *sehr unruhig, gescheit, lügnerisch, aber eifrig in religiösen Dingen, schlank, von hitziger Natur, lebhaft, ewige Verursacherin von Verwirrungen, neidisch, gehässig, heftig, nachtragend.* Von seinem Vater berichtet er, *daß er Saturn im Gedrittschein zum Mars habe, der aus ihm einen lasterhaften, schroffen und händelsüchtigen Menschen gemacht habe,* und von seiner Mutter, sie sei *klein, mager, dunkelfarbig, schwatzhaft, streitsüchtig und von unguter Art gewesen.*[10]

Möglicherweise um der häuslichen Misere zu entfliehen ließ sich Heinrich Kepler von Herzog Albas Werbern zum Feldzug der spanischen Habsburger gegen die aufständischen Niederlande verpflichten. Der Kriegsdienst hatte in der Familie Kepler, wenn man der Familienfama glauben darf, Tradition: Bereits im 15. Jahrhundert hatten zwei Vorfahren der Keplers, Friedrich und Konrad Kepler, in Kriegsdiensten gestanden und waren anläßlich der Krönung Kaiser Sigismunds 1433 in Rom geadelt worden. *Durch Dürftigkeit* seien seine Vorfahren jedoch, wie Kepler sagt, zu Kaufleuten und Handwerkern herabgesunken und verzichteten daraufhin auf das Führen des Adelstitels.[11] Auch von Keplers Urgroßvater Sebald, der 1522 von Nürnberg nach Weil der Stadt übersiedelte, und von dessen Söhnen heißt es, sie hätten kaiserlichen Kriegsdienst geleistet.[12] Sichtbares Zeichen des ehemaligen Adelsstandes war ein Wappen, das einen blonden Engel im Schilde führte. Dieses Wappen wurde in der Familie von Generation zu Generation weitergegeben. Im Februar 1563 baten die Brüder Sebald, Adam, Daniel und Melchior Kepler Kaiser Maximilian II. um die Bestätigung ihres Wappens, was ihnen im Juli 1564 gewährt wurde.[13]

Heinrich Kepler zog also – sehr wahrscheinlich 1573 – in die Spanischen Niederlande, um auf katholischer Seite gegen die calvinistischen Aufständischen zu kämpfen. Der Haß zwischen Lutheranern und Calvinisten mochte der Grund dafür gewesen sein, daß der protestantische Herzog von Württemberg Herzog Alba erlaubt hatte, in seinem Land Söldner zu werben. Heinrich Kepler blieb auch nach der Abberufung Herzog Albas (1573) als Söldner in spanischen Diensten.

Katharina Kepler brachte am 12. Juni 1573 ein zweites Kind – Heinrich – zur Welt. Ob zu diesem Zeitpunkt der Vater Heinrich Kepler noch in Weil der Stadt war, ist ungewiß. Nachdem ihr Mann in den Krieg gezogen war, erkrankte Katharina Kepler an der Pest, die sie jedoch überwand. (Es ist unklar, ob die Erkrankung in die Zeit der Schwangerschaft oder in die Zeit nach der Niederkunft fällt. Heinrich litt jedenfalls zeitlebens an Epilepsie.)

Ihr zweites Kind war noch sehr klein, als sich Katharina 1575 ihrerseits auf den Weg in die Spanischen Niederlande machte, um dort ihren Mann zu suchen und ihn womöglich zur Heimkehr zu bewegen.[14] Ihre beiden Kinder ließ sie in der Obhut einer Vertrauten[15] und ihrer Schwiegereltern in Weil der Stadt zurück. Kurz nachdem die Mutter abgereist war, erkrankte Johannes schwer an den Blattern (Pocken). Trotz zarter Konstitution überstand er die Krankheit, wenngleich nicht unbeschadet. Zurück blieb eine Schädigung der Augen (Vernarbungen führten zu Mehrfachsehen auf einem Auge und zu Kurzsichtigkeit[16]) und der Hände, die wahrscheinlich gelitten hatten, als man dem Kind die Hände band, um es am Aufkratzen der Pocken zu hindern.[17]

Als die Eltern im Spätsommer 1575 nach Weil der Stadt zurückkehrten, war Johannes noch nicht ganz genesen. Heinrich Kepler kaufte kurz

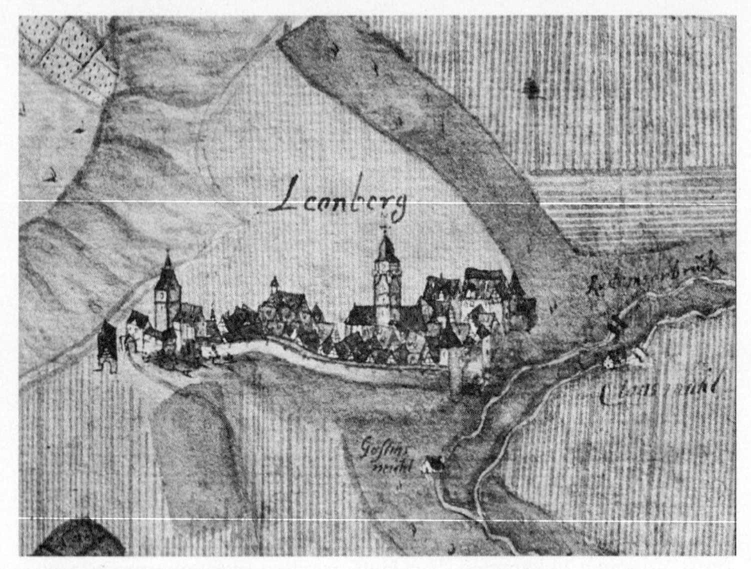

Leonberg, 1682. Ansicht aus dem Forstlagerbuch von Andreas Kieser

darauf im württembergischen Leonberg ein Haus direkt am Marktplatz[18] und übersiedelte mit Frau und Kindern dorthin. Die nächsten vier Jahre wohnte die Familie dort, wenngleich zeitweise ohne Heinrich Kepler, der bereits im darauffolgenden Jahr wieder in die Niederlande zum Kriegsdienst zog.

1577 kam Johannes Kepler nach eigenen Angaben zunächst in den deutschen Lese- und Schreibunterricht[19] und besuchte daraufhin die Leonberger Lateinschule. In Württemberg sollte es nach einer Anordnung Herzog Christophs aus dem Jahre 1559 in jeder Stadt eine mindestens durch drei, insgesamt aber durch fünf Klassen führende Lateinschule geben. Es handelte sich bei dieser – im Rahmen der «Großen Kirchenordnung» verfügten – Regelung um die erste staatlich veranlaßte Schulordnung, die sowohl die Anforderungen an die Lehrerbildung als auch den Lehrplan selbst vorschrieb.[20] Herzog Christoph war es auch gewesen, der die Klosterschulausbildung als Vorstufe für das Theologiestudium an dem von seinem Vater Herzog Ulrich 1536 gegründeten Tübinger Stift ins Leben rief. Die Aufnahme in eine dieser Klosterschulen setzte hervorragende Leistungen in den ersten Lateinschulklassen voraus und war geknüpft an das Bestehen des sogenannten Landexamens, das alljährlich in der Woche nach Pfingsten zentral in Stuttgart abgehalten wurde.[21]

Die Ausbildung an den Klosterschulen, die in niedere und höhere Klosterschulen eingeteilt waren, wurde durch ein herzogliches Stipendium finanziert. Diejenigen Schüler, die diesen Ausbildungsweg einschlugen, wie später auch Johannes Kepler, verpflichteten sich, nach abgeschlossenem Theologiestudium in den Dienst der Kirche zu treten. Zweck dieser damals einmaligen Einrichtung war es, dem akuten Mangel an evangelischen Pfarrern, der in den Jahren kurz nach der Reformation herrschte, abzuhelfen.

Doch zurück zu Keplers Schullaufbahn: Der deutsche Lese- und Schreibunterricht wurde in den Räumen der Lateinschule erteilt, entweder vom Kollaborator (Schulgeselle)[22] oder, was in Leonberg vor 1559 üblich war, vom Mesner.[23] Die Lateinschule war in einem ehemaligen Nonnenkloster untergebracht, das nach Reformation und Säkularisierung in den Besitz der Stadt übergegangen war. Wie lange Johannes Kepler den deutschen Unterricht besucht hat, läßt sich nicht mehr rekonstruieren. Man kann aber wohl annehmen, daß er 1578 an die Lateinschule überwechselte, die in der Regel den begüterten und/oder besonders talentierten Schülern vorbehalten blieb.

Aus dem Jahr 1577 berichtet Kepler, seine Mutter habe ihn nachts auf einen Berg geführt, damit er sich den Kometen, der damals alle Gemüter bewegte, ansehe.[24] In das Jahr 1577 fiel auch die Geburt (20.5.1577) sei-

Darstellung des Kometen von 1577 auf einem zeitgenössischen Flugblatt

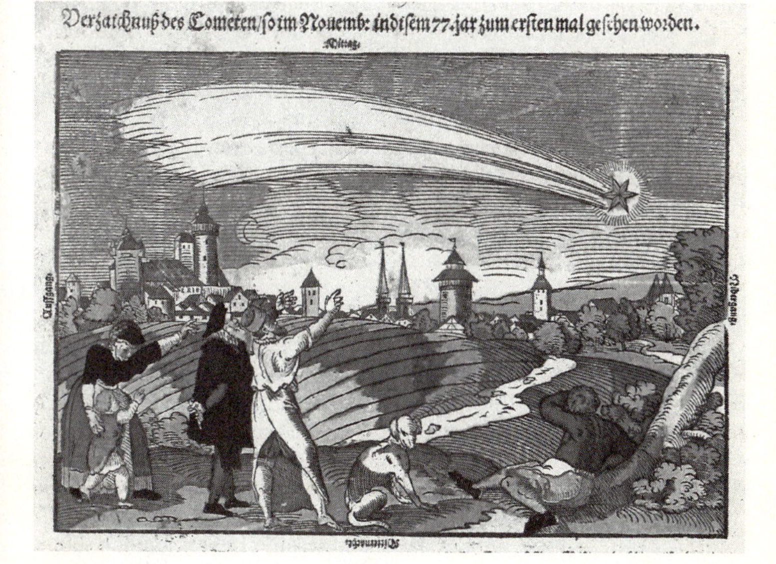

nes Bruders Sebald, der jedoch früh verstarb. Auch der nächstgeborene Bruder Johann Friedrich (21.6.1579) lebte nur kurz.

Die Leonberger Lateinschule führte durch drei Klassen; die insgesamt an die 40 Schüler[25] wurden von zwei Lehrern unterrichtet: einem Kollaborator, der für den Elementarunterricht zuständig war, und einem Präzeptor (Schulmeister; zu Keplers Zeit Vitalis Kreidenweis), der die fortgeschrittenen Schüler unterrichtete. In der ersten Klasse lernten die Schüler lateinisch zu lesen und zu schreiben. Auf eine korrekte lateinische Aussprache wurde besonderer Wert gelegt.[26] Wiederholen und Auswendiglernen waren die bevorzugten Unterrichtsmethoden. Neben dem lateinischen Lese- und Schreibunterricht erhielten die Schüler Unterweisungen im Katechismus und in der Heiligen Schrift. In der zweiten Klasse standen Grammatik, Stilübungen («Proverbia Salomonis»), lateinische Schreib-, Lese- und Sprechübungen, Musik und Katechismus auf dem Lehrplan. In der dritten Klasse wurden dieselben Fächer angeboten, allerdings auf einem anspruchsvolleren Niveau. Äsops «Fabeln», Ciceros Briefe und Terenz wurden behandelt.

Da Kinder zur damaligen Zeit häufig zu allerhand Arbeiten im Haus und auf dem Feld hinzugezogen wurden, muß man davon ausgehen, daß viele Schüler nicht regelmäßig am Unterricht teilnehmen konnten. Zwar gab es Unterstützung für bedürftige Kinder in Form von Schulspeisung und Nachlaß des Schulgeldes, doch waren die Pfarrer darüber hinaus gehalten (laut Kirchenordnung von 1559), den Eltern zweimal jährlich ins Gewissen zu reden, daß sie ihre Kinder auch regelmäßig zur Schule schickten.[27]

Daß Keplers Schulbesuch immer wieder unterbrochen wurde, weiß man von ihm selbst. Allerdings ist es nicht möglich, alle Unterbrechungen zu datieren. Eine Zäsur ergab sich auf alle Fälle durch die Übersiedlung der Familie nach Ellmendingen bei Pforzheim. Keplers Vater war 1576 erneut in die Spanischen Niederlande in den Krieg gezogen und dort 1577 nur mit knapper Not dem Galgen entkommen. Zurückgekehrt habe der Vater (der am 26.9.1577 das Leonberger Bürgerrecht erwarb) das Haus verkauft (der Verkauf ist aber erst für den 14.9.1579 verbürgt)[28] und eine Gastwirtschaft aufgemacht. Nachdem ihm im folgenden Jahr ein explodierendes Pulverhorn das Gesicht verletzt hatte, übernahm Heinrich Kepler 1579 das Gasthaus «Zur Sonne» in Ellmendingen.[29]

Spätestens zur Zeit der Übersiedlung nach Ellmendingen und in den Jahren 1580–82 dürfte Keplers Schulbesuch eher sporadisch gewesen sein. Er mußte seinen Eltern zur Hand gehen, schwere und, wie er es nennt, ‹schmutzige› Feldarbeit verrichten, die ihm durch und durch zuwider war. Die Lateinschule in Leonberg konnte er wohl nur noch im Winter besuchen. Kepler berichtet, er habe erst im Winter 1582 die zweite Klasse und im Winter 1583 die dritte Klasse vollenden können.[30] Tatkräftig unterstützt wurde er dabei durch seine Lehrer, die ihn seiner

Begabung wegen lobten, obwohl er – wie er sagt – die schlechtesten Sitten unter seinesgleichen gehabt habe.[31]

In seiner *Nativität* (Horoskopausdeutung) von 1587 berichtet Kepler, er sei als Kind gänzlich dem Spiel ergeben gewesen und habe auch später die Neigung gehabt, seine Zeit zu vertun, wenngleich es ihn danach bitter gereut habe. Rückhaltlos gibt er Auskunft über seine Vorlieben und Abneigungen, seine Stärken und Schwächen. Er charakterisiert sich als Person, die schwierige Aufgaben reizen, Aufgaben, vor denen andere meist zurückschreckten. Fleißig sei er eigentlich nur aus Wißbegierde, dem Vergnügen, schwierige Aufgaben schließlich doch zu bewältigen, und dem Wunsch nach Lob und Anerkennung gewesen. Hinzu sei seine Abneigung gegenüber körperlicher Arbeit gekommen, die ihn bewogen habe, sich in der Schule besonders anzustrengen. Fromm sei er gewesen bis zum Aberglauben und habe sich selbst, wenn er sich eines Vergehens für schuldig befunden habe, Bußen auferlegt (Aufsagen bestimmter Predigten). Große Verzweiflung habe ihm der Gedanke bereitet, er könne wegen seiner Verfehlungen nicht zum Propheten taugen. Doch zugleich habe in ihm so viel Spottlust und Widerspruchsgeist gesteckt, daß es ihn trieb, andere zu reizen und unorthodoxe Meinungen zu vertreten.[32]

Ob es seine Begabung, seine physische Schwäche, seine Abneigung gegen schwere körperliche Arbeit, die Aussicht auf ein Stipendium oder alles zusammen war, das seine Eltern bewog, ihn weiter die Schule besuchen zu lassen, muß letztlich dahingestellt bleiben. 1583 gab Heinrich Kepler die Bewirtschaftung der Ellmendinger «Sonne» auf und kehrte mit seiner Familie nach Leonberg zurück. Er hatte, wie Johannes Kepler berichtet, sein ganzes Vermögen verloren.[33] Bevor wir der weiteren Schullaufbahn Keplers folgen, sei ein Ereignis aus der Ellmendinger Zeit nachgetragen, das freilich erst aus der Rückschau seine besondere Bedeutung erhält. Sein Vater nahm Johannes eines Nachts mit hinaus, um ihm eine Mondfinsternis zu zeigen.[34]

Am 17. Mai 1583 bestand Johannes Kepler das Landexamen in Stuttgart[35], das ihm die geistliche Laufbahn eröffnete. Doch erst am 16. Oktober 1584 wurde er in die Klosterschule Adelberg aufgenommen.[36] Diese zeitliche Verzögerung mochte mit dem Andrang zusammenhängen, der unterdessen beim Stuttgarter Landexamen herrschte. Manche Schüler, die das Landexamen bestanden hatten, mußten lange auf eine freie Schulstelle warten (manche gar das Landexamen wiederholen), da die Klosterschulen pro Jahr nur 25 Schüler aufzunehmen pflegten.[37] Wenn man bedenkt, daß es damals sechs «niedere» Klosterschulen gab – Adelberg, Alpirsbach, Blaubeuren, St. Georgen, Königsbronn und Murrhardt[38] –, an denen bisweilen nur ein Lehrer tätig war, kommen auf einen Jahrgang pro Schule vier bis fünf Schüler.

Keplers Eltern waren nach Leonberg zurückgekehrt, seine Schwester Margarete dort geboren und am 26. Mai 1584 getauft worden, als sich Johannes im Herbst nach Adelberg aufmachte. Das ehemalige Prämonstratenserkloster liegt im Filstal in der Nähe des Hohenstaufen. Das Leben in der Klosterschule trug noch nahezu alle Kennzeichen mönchischer Zucht. Der Tag begann sommers um vier, winters um fünf Uhr mit Psalmensingen. Die Schüler lebten in strenger Klausur. Es war ihnen verboten, mit dem Dienstpersonal zu verkehren und den Klosterbezirk auf eigene Faust zu verlassen. Nur gelegentlich wurde ihnen zur Erholung ein Spaziergang unter Aufsicht eines Schulmeisters gestattet. Die Schüler waren gehalten, die ihnen ausgehändigte mönchisch einfache Kleidung zu tragen. In der Öffentlichkeit und zum Essen mußten sie in schwarzer Kutte erscheinen. Es wurde von den Zöglingen erwartet, daß sie untereinander ausschließlich lateinisch sprachen; der Unterricht wurde von den beiden in Adelberg tätigen Präzeptoren[39] selbstredend lateinisch erteilt.

Die Stipendiaten wohnten in den Mönchszellen, die sie auch selbst zu reinigen hatten, unter ständiger Aufsicht eines in unmittelbarer Nähe untergebrachten Präzeptors. Sie waren verpflichtet, Fehltritte ihrer Mitschüler – etwa Fluchen, Lügen oder Verstöße gegen die Hausordnung – anzuzeigen, wollten sie sich nicht mitschuldig machen. Es herrschte mithin ein Klima ständiger Bespitzelung und Überwachung. Wirkte dieses Gebot schon entzweiend, tat ein übriges die sogenannte Lokation, die Rangordnung der Schüler nach Leistungen, die geradezu darauf zielte, Wettstreit und Neid unter den Schülern zu schüren. Da – wie schon angedeutet – die Gesamtschülerzahl an einer niederen Klosterschule, die durch zwei Klassen führte, mit etwa zehn Schülern sehr überschaubar war, ließen sich Mißhelligkeiten und Differenzen kaum verbergen. Und hatte man es sich erst einmal mit jemandem verdorben, war die Möglichkeit, demjenigen auszuweichen und andere Freundschaften zu schließen, ziemlich begrenzt.

In seinem zweiten Adelberger Jahr sah sich Johannes Kepler aus Angst dazu gedrängt, Verfehlungen zweier seiner Mitschüler (Georg Molitor und Johannes Wieland) anzuzeigen.[40] Mit diesem Schritt zog er sich offenbar nicht nur den Haß der beiden Betroffenen zu, sondern er lieferte damit auch einigen anderen Schülern, die aus unterschiedlichsten Gründen etwas gegen ihn hatten – Kepler nennt in diesem Zusammenhang Eifersucht, Neid auf seine Begabung und Konkurrenz –, einen Vorwand, ihn zu ächten. Daran änderte auch seine Bitte um Vergebung nichts. Die Feindschaften, die damals entstanden (oder die – wie im Falle von Johann Ulrich Holp, dem Sohn des Leonberger Stadtpfarrers – bereits von Leonberg herstammten), sollten ihn bis nach Maulbronn und zum Teil bis nach Tübingen begleiten. Kepler schreibt, er habe Hartes erduldet und sei von Kummer fast aufgezehrt worden. An Händen und

Beinen bilden sich Geschwüre, eine Erkrankung, die ihn immer wieder heimsuchen wird, ebenso wie Kopfschmerzen und Fieberanfälle.[41] Die Einsamkeit, in die ein solches Schulsystem den einzelnen zu treiben vermochte, läßt sich jedoch nur erahnen.

Bereits in Leonberg hatte er begonnen, sich mit theologischen Fragen zu beschäftigen. In seinen *Bemerkungen zu einem Brief Matthias Hafenreffers*[42] schreibt Kepler: *Im Jahr 1583 fing ich an soweit einsichtig zu sein, daß, als ich in Leonberg in Württemberg eine Predigt aus dem Römerbrief von einem jungen Diakon hörte, der überaus weitläufig die Calvinisten widerlegte, mich tiefer Kummer über die Kirchenspaltung quälte. Immer wieder geschah es mir, daß mich ein Prediger, der sich über den Sinn der Schriftworte mit seinen Gegnern auseinandersetzte, nicht befriedigte, und wenn ich sie im Text selbst gelesen hatte, mir die Auslegung der Gegner, wie ich sie aus der Wiedergabe des Predigers erfahren hatte, eine gewisse Überzeugungskraft zu haben schien. Im Jahr 1584 wurde ich vom Herzog von Württemberg unter die Zöglinge von Adelberg angenommen und empfing von da an die Heilige Eucharistie. Es kamen zu uns von Tübingen auf je zwei Jahre Praeceptoren, selbst auch junge Leute, und sie versahen zugleich das Predigeramt: Überaus weitläufig widerlegten sie das Zwinglianische Dogma vom Heiligen Abendmahl. Sie brachten mich in große Unruhe, und nicht selten hatten ihre dringenden Ermahnungen (nämlich wir sollten die Verzerrungen der Calvinisten gut im Auge haben und uns davor in Acht nehmen) die Folge, daß ich, in die Einsamkeit zurückgezogen, selbst mit mir nach einer Entscheidung zu suchen begann, was nun eigentlich umstritten sei? Welcher Weise die Teilnahme am Leib Christi sei? Und wie ich meine Verstandeskraft anstrengte, brachte ich gerade die als die vernünftigste heraus, die ich später von der Kanzel als die calvinistische abweisen hörte. Da also sah ich, daß ich meine Ansicht korrigieren müsse.* Und doch blieb die Frage, ob Jesus Christus beim Abendmahl leibhaftig (nach lutherischer Lehre) oder nur im Geiste (nach clavinistischer Lehre) anwesend sei, ein Problem, das ihn sein Leben lang verfolgen sollte. Gerade weil er seine frühe Überzeugung auch später nicht korrigierte, geriet er in Gegensatz zur offiziellen Lehrmeinung, worüber er freilich zunächst Stillschweigen bewahrte.

Ein anderes Thema, mit dem er sich in seiner Adelberger Zeit befaßte, war die Prädestinationslehre Luthers. Immer auf der Suche nach eigenen Antworten schreibt der dreizehnjährige Kepler nach Tübingen und bittet darum, ihm eine Abhandlung über die Prädestination zu schicken. Anfangs ein glühender Vertreter des unfreien Willens (ganz im Sinne Luthers), bekehrt er sich später zur gegenteiligen Auffassung. Die Ernsthaftigkeit, mit der er sich mit Glaubensfragen auseinandersetzte, bot seinen Mitschülern freilich Grund zum Spott.

Die Unabhängigkeit von Keplers Denken zeigt sich in seiner grundsätzlichen Bereitschaft, auch die gegenteilige (und gegebenenfalls geächtete) Lehre zu prüfen und ernst zu nehmen. So bewog ihn *der Blick auf die Barmherzigkeit Gottes [...] zu der Meinung, daß den Heiden nicht Verdammung schlechthin bestimmt sei,*[43] eine Meinung, die in der württembergischen Landeskirche gewiß keine Billigung gefunden hätte.

Auch in der Mathematik versuchte er sich an eigenen Problemlösungen und stellte sich in der Poetik schwierige Aufgaben. *In seinen Gedichten mühte er sich anfangs um Akrostichen, Griphen, Anagrammatismen, dann aber, als er diese mit reifendem Urteil ihrer wahren Bedeutung nach geringschätzen konnte, versuchte er sich in verschiedenen, sehr schwierigen Arten der Lyrik, schrieb ein Pindarisches Melos, schrieb Dithyramben, interessierte sich für ausgefallene Stoffe, wie die Unbewegtheit der Sonne, die Entstehung der Flüsse, den Blick vom Atlas auf die Nebel. Er hatte seine Freude an Rätseln, suchte den beißendsten Witz, mit Allegorien spielte er so, daß er ihnen bis in die kleinsten Einzelheiten nachging und sie an den Haaren herzog.*[44]

Dieser Art waren die Fluchtpunkte, die ihm Schulen wie Adelberg und Maulbronn boten. Doch zum Unterricht selbst: Als neue Fächer kamen an der niederen Klosterschule hinzu Griechisch, Rhetorik und Dialektik. Damit war der «triviale» (dreiwegige) Unterrichtskanon komplett (das Trivium umfaßt Grammatik, Dialektik, Rhetorik; das Quadrivium Geometrie, Arithmetik, Astronomie und Musik). Latein, Musik und Theologie wurden weiter unterrichtet. Die lateinische Lektüre der Bücher des Neuen Testaments verband den Religions- mit dem Lateinunterricht.

Nach zwei Jahren Unterricht in Adelberg und bestandener Abschlußprüfung (6.10.1586) wurde Johannes Kepler an die höhere Klosterschule Maulbronn versetzt. Die Schule war im ehemaligen Zisterzienserkloster untergebracht, einem eindrucksvollen Beispiel eines gut durchdachten, großzügig angelegten frühmittelalterlichen Klosterkomplexes, dessen innerster Bezirk, der vom betriebsamen Wirtschaftshof abgeschirmt war, eine abweisende Strenge ausstrahlt.

Kepler traf am 26. November 1586 in Maulbronn ein und wurde als «Novize» in die Schule aufgenommen. Mit ihm kamen einige seiner Adelberger Peiniger, zum Beispiel Molitor. Die höheren Klosterschulen, an denen die Zöglinge in der Regel drei Jahre blieben – zwei Jahre bis zur Baccalaureatsprüfung (die in Tübingen abgenommen wurde) und ein weiteres Jahr als «Veteranen» –, unterschieden sich in ihren Statuten insofern von den niederen Klosterschulen, als diese vorschrieben, daß die Novizen den Veteranen zu Diensten zu sein hätten: ein Freibrief für allerhand Schikanen und Ursache zahlreicher Auseinandersetzungen. Mit anderen Worten, Kepler, diese Mischung aus Sensibilität, Widerspruchsgeist, Spottlust, Frömmigkeit und Begabung, kam vom Regen in die Traufe.

An der Schule, die von dem evangelischen Abt Jakob Schropp geleitet wurde, arbeiteten zwei Präzeptoren: Jakob Rau (erster Präzeptor und

Kloster Maulbronn, 1682. Ansicht aus dem Forstlagerbuch von Andreas Kieser

Bibelexeget bis 1588) und Johann Spangenberger (ab 1588 erster Präzeptor). Georg Schweizer kam nach Raus Übernahme eines Pfarramts 1588 als zweiter Präzeptor frisch von der Universität hinzu. Wie berichtet wird, machte sich Kepler Spangenberger dadurch zum Feind, daß er ihn einmal *vorlaut verbesserte*[45], das heißt, auch von seiten der Lehrerschaft mußte er mit Mißgunst rechnen.

Im März 1587 kam es zwischen Kepler und Franz Rebstock zu einer Schlägerei, weil sich Rebstock abschätzig über Keplers Vater geäußert hatte. Der relativ kleine und zierliche Kepler zog dabei den kürzeren. Wenig später – am 4. April 1587 – erkrankte Kepler so schwer an hohem Fieber, daß er in Lebensgefahr schwebte. Doch schließlich erholte er sich.[46]

Auch in Maulbronn arbeitete Kepler an selbstgestellten Aufgaben, soweit dies der dichtgedrängte Stundenplan zuließ. Der Schulalltag, der auch hier in aller Frühe begann, war ausgefüllt durch die Lektüre von Ciceros Reden und Vergils Versen, durch griechische Grammatik und Syntax und durch die griechische Lektüre der Reden des Demosthenes. Neben dem Rhetorikunterricht gab es jeden Sonntagnachmittag Disputationsübungen zu Thesen, die den unterschiedlichsten Fachgebieten entnommen waren. Neu hinzu kam der Unterricht in Arithmetik und Astronomie. Musik und Religionsunterricht wurden fortgesetzt, letzterer mit der Lektüre des Alten Testaments und der Briefe des Neuen Testaments. Nach zwei Jahren Unterricht legte Kepler am 25. September 1588 in Tübingen die Baccalaureatsprüfung ab und kehrte dann als Veteran für ein letztes Jahr nach Maulbronn zurück.

Unterdessen war am 5. März 1587 Keplers Bruder Christoph in Leonberg zur Welt gekommen, gefolgt von Bernhard (geboren am 13. 7. 1589),

der jedoch bald starb. Von den häuslichen Problemen seiner Familie war Kepler dank räumlicher Distanz jedoch nur noch mittelbar betroffen. Durch Briefe erfuhr er, daß sein Bruder Heinrich eine Lehrstelle nach der andern aufgab und sich schließlich 1589 nach Österreich absetzte. Auch sein Vater suchte 1589 – und jetzt für immer – das Weite.

Vorausgegangen war ein lautstarker Streit, in dessen Verlauf Katharina Kepler ihren Mann wohl vor die Tür gesetzt hat, was ihr noch 26 Jahre später, als sie der Hexerei angeklagt war, vorgehalten wurde. Michael Hansch, Keplers erster Biograph, berichtet, Heinrich Kepler habe als Hauptmann im Seekrieg der Neapolitaner gegen Anton von Portugal gekämpft und sei auf dem Rückweg in der Nähe von Augsburg gestorben.[47]

Nachdem Johannes Kepler sein Veteranenjahr beendet hatte, bezog er am 17. September 1589 das Tübinger Stift. Von dort aus sollte er zwei Jahre lang die sogenannte Artistenfakultät der Universität besuchen (mit Unterricht in Ethik, Dialektik, Rhetorik, Griechisch, Hebräisch, Astronomie, Physik und Mathematik), bevor er nach bestandener Magisterprüfung das eigentliche, dreijährige Theologiestudium aufnehmen konnte.

Das Tübinger Stift war und ist in einem ehemaligen Augustinerkloster untergebracht, das zu Füßen des Schloßbergs zum Neckar hin liegt. Auch hier herrschte – wie an den Klosterschulen – ein nachgerade klösterliches Reglement. Vom frühzeitigen Aufstehen über das gemeinsame Gebet und die sich anschließende Bibelexegese am Morgen, dem Vorlesungsbesuch am Vormittag, der Lesung der Heiligen Schrift zum Mittagessen, der Gelegenheit zum Ausgang nach dem Essen, dem Vorlesungsbesuch am Nachmittag und dem gemeinsamen Abendessen mit Lektüre historischer Schriften bis zum Torschluß um 21 Uhr war alles minutiös festge-

Tübingen, von Süden gesehen. Holzschnitt von Jonathan Sauter, 1590

legt. Dem Gewinn an Bewegungsspielraum, den der Universitätsbesuch mit sich brachte, stand die strenge Kontrolle des Vorlesungsbesuchs und der Anwesenheit im Stift gegenüber. Die Stipendiaten hatten auch in Tübingen Kutten zu tragen, die sie überall als Stiftler kenntlich machten und sie selbst daran erinnerten, daß sie von Almosen lebten. Sie erhielten – neben Unterricht und freier Kost und Logis – ein (sehr) geringes

Tübingen: Evangelisches Stift (links) und Universität (Burse und alte Aula; rechts). Ausschnitt aus einer Radierung von Johannes Pfister, um 1620

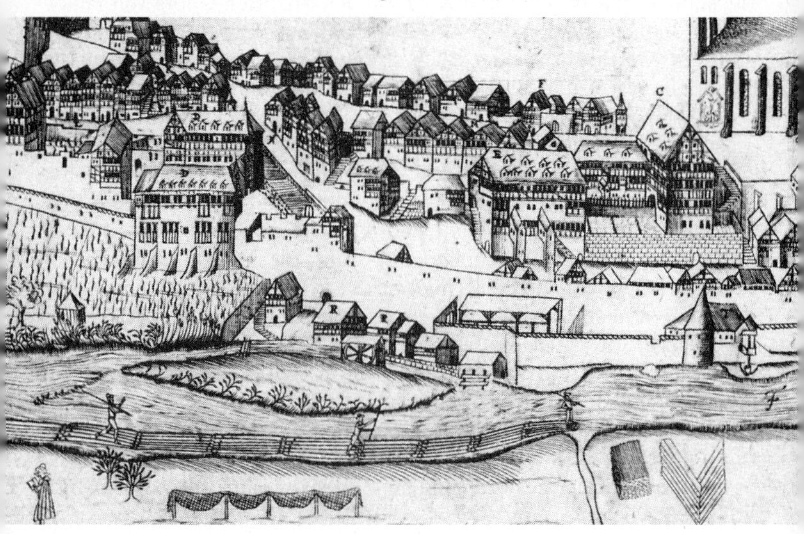

Entgelt für Bücher und Kleidung, das freilich in der Regel entweder von Verwandten oder durch ein weiteres Stipendium aufgebessert werden mußte. Kepler bezog – neben dem Ertrag einer Wiese, den ihm sein Großvater Melchior Guldenmann zukommen ließ[48] – ab seinem zweiten Tübinger Jahr das Ruoff'sche Stipendium, das sein Geburtsort Weil der Stadt vergab.[49]

Die Stipendiaten, die die Artistenfakultät besuchten, wurden unterrichtet, betreut, bewacht und vierteljährlich benotet von den sogenannten Repetenten, den besten Schülern des ältesten Stiftsjahrgangs. Eine weitere Kontrollinstanz waren die Famuli, die – aus mittellosen Familien stammend – am Stift niedere Dienste gegen Unterricht bei den Magisterstudenten eintauschten; sie waren verpflichtet, Stipendiaten, die gegen die Stiftsordnung verstießen, bei der Stiftsleitung anzuzeigen.

Vormittags und nachmittags verließen die Stipendiaten das Stift, um an der nahegelegenen Universität die Vorlesungen zu besuchen. Kepler hörte bei dem renommierten Gräzisten Dr. Martin Crusius Griechische Philologie, bei Georg Weigenmaier Hebräische Philologie, bei Erhard Cellius Poesie, Rhetorik und Geschichte (dieser Professor galt als besonders langweilig), bei Dr. Michael Ziegler griechische Klassiker und Naturrecht und bei dem bekannten Astronomen und Mathematiker Michael Mästlin Mathematik und Astronomie.

Mästlin hatte 1588 – ein Jahr vor Keplers Studienbeginn – in Tübingen einen Abriß der Astronomie veröffentlicht, der einen Eindruck des von ihm weitergegebenen Wissens vermitteln dürfte. Als Lehrbuch konzipiert, gibt er einen Überblick nicht nur über Ptolemaios' Planetentheorie, sondern macht den Leser auch mit den Theorien Georg von Peuerbachs, Johann Regiomontanus' und Nikolaus Kopernikus' bekannt. Zwar ist Mästlin in seinem Buch streng darauf bedacht, Kopernikus' Theorie kritisch zu präsentieren, doch dürfte er im mündlichen Umgang seine Sympathie für das heliozentrische Planetenmodell deutlicher zum Ausdruck gebracht haben.

Das Studium an der Artistenfakultät erschloß Kepler einige ihm vorher noch wenig bekannte Gebiete. Besonders wichtig wurde für ihn – neben der Beschäftigung mit Mathematik und Astronomie – das Studium philosophischer Texte. Neuplatonische und die mit zahlenmystischen Spekulationen verbundenen Theorien der Pythagoräer zogen ihn besonders an. Vor allen Dingen gewannen der Platon-Kommentar des Proklos, über den er die pythagoräische Harmonielehre kennenlernte, und sein Euklid-Kommentar große Bedeutung für ihn. Offenbar hat er sich auch schon früh mit den Texten des Nikolaus Cusanus vertraut gemacht. Julius Caesar Scaligers «Exercitationes exotericae» – ein damals in Studentenkreisen vielgelesenes Buch – beeindruckten ihn tief. Von Aristoteles las er die «Analytica posteriora» und die «Physik», während er die «Ethik» links liegen ließ.[50]

Michael Mästlin (1550–1631), Professor für Mathematik an der Universität Tübingen

Auch in Tübingen setzte er seine poetischen Übertragungen neuer Sujets in bewährte Gedichtformen fort und stellte sich selber schwierige Aufgaben wie zum Beispiel die Schilderung der «Himmelsmechanik» vom Mond aus gesehen. Dieser Versuch sollte in den postum veröffentlichten *Mondtraum* eingehen, seinen einzigen literarischen Prosatext, der die spätere Science-fiction-Literatur vorwegnimmt. Außerdem galt Kepler unter seinen Kommilitonen als gewiefter Astrologe, der immer wieder gebeten wurde, anderen das Horoskop zu stellen. (Astrologie wurde damals noch zusammen mit Astronomie an der Universität gelehrt.)

Durch das strenge Eingebundensein in das Stiftsreglement unterschied sich das Leben der dort lebenden Stipendiaten grundlegend von dem ihrer begüterten, frei lebenden Kommilitonen. Diese genossen häufig einen denkbar schlechten Ruf als Gecken, Müßiggänger, Säufer und Raufbolde.[51] An Zerstreuung bot sich den Stiftlern wenig, ausgenommen die alljährliche Einstudierung und Aufführung eines Theaterstücks auf dem Tübinger Marktplatz. Da bis ins späte 19. Jahrhundert nur Männer zum Studium zugelassen waren, mußten die zierlicheren unter ihnen die Frauenrollen übernehmen. Auf diese Art und Weise kam Johannes Kepler zur Rolle der Mariamne in einer lateinischen Tragödie, die die Enthauptung Johannes des Täufers zum Gegenstand hatte.[52] Am 17. Februar 1591 fand die Aufführung auf dem Tübinger Marktplatz in Anwesenheit zahlreicher Honoratioren, Bürger und Studenten statt.[53]

Waren es die noch winterliche Witterung, das Lampenfieber, die ungewohnte Rolle, die dramatischen Ereignisse oder alles zusammen, die Kepler in solche *körperliche und geistige Aufregung*[54] versetzten, daß er kurz darauf an hohem Fieber erkrankte? Offenbar war die Aufführung für ihn ein aufwühlendes Erlebnis.

Im folgenden Sommer – am 11. August 1591 – bestand Kepler die Magisterprüfung als zweitbester von 15 Kandidaten.[55] Auf seine Bitte hin stellte ihm die Universität ein glänzendes Zeugnis aus, das den Magistrat von Weil der Stadt zur Verlängerung des Ruoff'schen Stipendiums bewegen sollte und dies auch tat: «[...] dieweil obgemelter Kepler (so erst newlich in Magistrum promouiert worden) dermassen eines fürtrefflichen unnd herrlichen ingenij, das seinethalben etwas sonderlichs zuhoffen.»[56]

Das nun beginnende Theologiestudium bedeutete für Kepler, daß all seine alten Zweifel hinsichtlich der Abendmahlslehre wieder aufbrachen: *Nachdem ich im Jahr 1591 den Magistergrad erlangt hatte, ging ich nunmehr an das Studium der Theologie. Als ich die Kommentare zu den Büchern des Neuen Testaments von Hunnius*[57] *erworben hatte, lernte ich die übrigen Dogmen nach der Auffassung dieses Mannes recht erfolgreich gegen die Haeretiker verteidigen, denn bei ihm herrschte größere Klarheit als bei Gerlach [Keplers Theologieprofessor und Superintendent des Stifts], den ich hörte: Sogleich jedoch blieb ich bei des Hunnius Kommentar zum Epheserbrief hängen, und zwar bei der Unterscheidung zwischen Actus primus und secundus der Allgegenwart des Fleisches Christi, und weil es da vom Fleisch Christi heißt, es sei nicht durch die Kreaturen, sondern durch den Logos überall allgegenwärtig. So aber kam ich zu dem Urteil, der Sinn zeige sich so, daß, wenn er feststehe, die Schmähungen und die Erbitterung des Hunnius, womit er unablässig die Ohren der Calvinisten beleidigte, nicht am Platze seien. [...] Es war bereits bei mir ein Abscheu gegen diesen Streit groß geworden. Als ich allmählich darauf gekommen war, daß die Jesuiten und die Calvinisten über den Artikel von der Person Christi einer Meinung seien, und von beiden die Kirchenväter und deren scholastische Nachfolger und Verfälscher ins Feld geführt würden, so daß auf diese Weise ihre gemeinsame Überzeugung als mit dem Altertum übereinstimmend erschien, unsere abweichende jedoch als neu, aus der Gelegenheit des Abendmahles entstanden und ursprünglich nicht gegen die Römischen gerichtet, da begann ich ernste Bedenken zu haben, der so häufigen Verdammung der Calvinisten beizustimmen [...].*[58]

Diese Bedenken trägt er freilich meist still mit sich herum. Allzu deutlich hätte er, der damals noch eine geistliche Laufbahn vor Augen hatte, sich ins Abseits gestellt, wäre es ihm eingefallen, diese Zweifel offen zu äußern. Die württembergische Landeskirche war streng und dogmatisch; sie erlaubte keinerlei Abweichungen von der 1577 beschlossenen Konkordienformel, in der das evangelische Glaubensbekenntnis (und auch

Matthias Hafenreffer (1561–1619), Professor für Theologie an der Universität Tübingen

die Abendmahlslehre) festgelegt war. Jeder angehende Pfarrer hatte seine Zustimmung zur Konkordienformel durch Unterschrift zu bekräftigen. Später schrieb Kepler, seine Berufung nach Graz habe ihn einer Entscheidung in diesem Konflikt enthoben.[59]

Nach bestandener Magisterprüfung wurden im Stift nur noch «Predigen» und «Studien» mit Noten beurteilt. Die theologische Fakultät der Universität Tübingen selbst war – wie schon gesagt – geprägt von protestantischer Orthodoxie, die sich vor allem in Ausfällen gegen die Calvinisten gefiel. Speerspitzen der orthodoxen Theologenzunft waren der Kanzler der Universität und Probst Dr. Jakob Heerbrand, der Theologieprofessor Dr. Johann Siegwart und der Superintendent des Stifts und Theologieprofessor Stefan Gerlach, der im übrigen Kepler wohlwollend begegnete. Am nächsten stand Kepler der nur zehn Jahre ältere Theologieprofessor und zweite Superintendent des Stifts, Matthias Hafenreffer, der – zwar streng auf der konkordialen Lehre beharrend – doch zugleich eine gewisse Milde den Calvinisten gegenüber an den Tag legte, die sich wohltuend abhob von der ansonsten verbreiteten Unduldsamkeit und Polemik. Kepler selbst hielt es jedoch mit der ursprünglichen protestantischen Einstellung, nach der ein jeder die Heilige Schrift selbst auslegen könne, eine Freizügigkeit aus kämpferischen Zeiten, die damals bereits gänzlich zurückgenommen worden war.

Im Januar 1594, im dritten Jahr von Keplers Theologiestudium, erreichte ein Schreiben der protestantischen Stiftsschule in Graz das Tübinger Stift, in dem um einen Nachfolger für den verstorbenen Mathematiklehrer nachgesucht wurde. Die protestantischen Gemeinden in den österreichischen Ländern Steiermark, Kärnten, Krain und Oberösterreich, die damals keine eigene (protestantische) Universität hatten, pflegten sich bei Vakanzen an das Tübinger Stift zu wenden, so auch der Pfarrer und Theologieprofessor der Grazer Stiftsschule, Dr. Wilhelm Zimmermann (der selbst am Stift ausgebildet worden war). Man fragte Kepler, ob er diese Stelle übernehmen wolle. Ausschlaggebend für diesen Antrag dürfte seine besondere Befähigung in mathematischen Fragen gewesen sein. Es ist aber auch nicht auszuschließen, daß Keplers unorthodoxe Glaubensauffassungen trotz seiner Zurückhaltung nicht verborgen geblieben waren und einen weiteren Grund für seine Empfehlung nach Graz lieferten.

Nur zögernd ging Kepler auf das Angebot ein, galt doch ein Mathematikprofessor an einer Stiftsschule viel weniger als ein bestellter Pfarrer. Unter der Bedingung, später ans Stift zurückkehren zu können, um seine Studien zu beenden, willigte er schließlich ein, auch wenn er sich seine Zukunft zunächst anders vorgestellt hatte. Die Tätigkeit im Ausland erforderte jedoch die Einwilligung des württembergischen Herzogs, der ja die Ausbildung bezahlt hatte. Im Februar 1594 war klar, daß Kepler nach Graz gehen würde. Am 5. März gab Herzog Friedrich seine Zustimmung zu Keplers Anstellung in Graz, und schon am 13. März machte sich Kepler auf den Weg nach Graz, in Begleitung seines Vetters Hermann Jaeger. Kurz zuvor hatte Kepler noch Verwandte (in Weil der Stadt) und Bekannte (in Hirschau) besucht und – wohl etwas wehmütig – Abschied genommen. Seinem Freund Jakob Zoller schrieb er am 11. März auf lateinisch ins Stammbuch:

Wenn Du nun eitle Bilder siehst,
Wenn Du – in die Ewigkeit eingegangen – den göttlichen Wellen selbst
Schauen wirst: Was sträubst Du Dich
O Auge, dies fahren zu lassen
Und Besseres zu erlangen?
Wenn Dich eine derart verstümmelte Wissenschaft
Schon so ergötzt, wie wird Dich erst eine unverstümmelte erfreuen?
Vergiß jene mutig, o Seele,
Auf daß Du diese bald erkennst.
Wenn hier zu leben, täglich zu sterben bedeutet,
Und der Beginn des Lebens zugleich der des Sterbens ist,
Was zögerst Du also, o schwacher Mensch,
Zu vergehen und sterbend wiedergeboren zu werden?[60]

Lehrer und Mathematiker einer Ehrsamen Landschaft in Graz

Am Ostermontag, dem 11. April 1594, kamen Kepler und sein Vetter nach zwanzigtägiger Reise in Graz an. Unterwegs hatten sie zehn Tage ‹verloren›, als sie den protestantischen Herrschaftsbereich verließen. Die protestantischen Länder widersetzten sich der von Papst Gregor VIII. 1582 verfügten Kalenderreform, die dafür sorgen sollte, daß die Tag- und Nachtgleiche wieder auf den 21. März fiel (nach dem Julianischen Kalender fiel sie damals auf den 11. März). Sie argumentierten, sie wollten lieber nicht mit der Sonne als mit dem Papst übereinstimmen.[61] Seit Einführung des Gregorianischen Kalenders gab es demnach in Deutschland bis 1700 zwei Zeitrechnungen.[62] Nach württembergischer Zeit (alter Stil, abgekürzt a. St.), kam Kepler am 1. April in Graz an. Sogleich verfaßte er eine Eingabe an die Schulinspektoren, sie mögen die Verordneten der Landschaft des Herzogtums Steiermark um die Erstattung seiner Reisekosten bitten. Dieser Bitte wurde kurz darauf entsprochen. Kepler übergab den vier Schulinspektoren seine Zeugnisse und erhielt – nach einem Prüfungsgespräch – die Auskunft, man wolle nach einer Probezeit von ein bis zwei Monaten endgültig über seine Anstellung entscheiden.

Es läßt sich schwer sagen, inwieweit Kepler über die äußerst prekäre Lage der Grazer Stiftsschule unterrichtet war. Ebenso unsicher ist, inwieweit sich die Protestanten selbst der Bedrohtheit ihrer Lage bewußt waren. Bereits 1570 hatten die Jesuiten Einzug in die steierische Residenzstadt gehalten und mit der Gründung eines Jesuitenkollegs (1572), eines Gymnasiums (1573) und schließlich einer Universität (1585) nicht nur der evangelischen Ständeschule, sondern dem Protestantismus insgesamt den Kampf angesagt.[63] Die religiösen Differenzen wurden mit einem Ausmaß an Unduldsamkeit, Verbohrtheit und Verleumdung ausgetragen, das sich heute nur noch schwerlich nachvollziehen läßt.[64]

Nach anfänglichen Zugeständnissen an die Protestanten hatte Erzherzog Karl nach und nach eine entschiedenere Gangart eingeschlagen und war schließlich – unterstützt von den Jesuiten, die er 1570 als Fastenprediger ins Land gerufen hatte – dazu übergegangen, die Protestanten offen zu bekämpfen. Anlaß dazu boten ihm die Protestanten selber mit

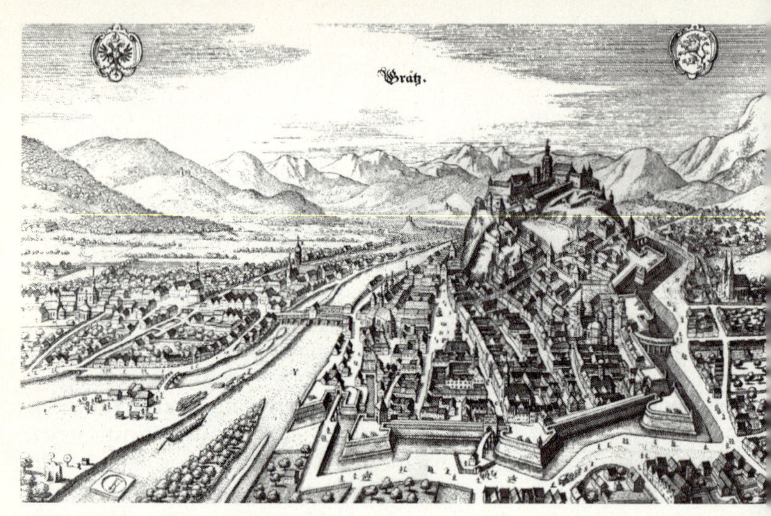

Graz. Kupferstich, Anfang 17. Jahrhundert

ihren unablässigen Schmäh- und Hetzkampagnen. Die Existenz der Grazer Stiftsschule stand dabei mehr als einmal zur Disposition. Insbesondere nach Gründung der Jesuiten-Universität (1585), die Erzherzog Karl und seine Frau tatkräftig unterstützten, bedrohten diverse vom Hof erlassene Verbotsdekrete die Grazer Stiftsschule. Allein die allgemeine Mißachtung der Dekrete sicherte das Überleben der Schule. Die Situation entspannte sich erst, als Erzherzog Karl 1590 starb und die Regierungsgeschäfte vorübergehend (bis zur Volljährigkeit seines Sohnes Ferdinand) von den Brüdern Kaiser Rudolfs II., Erzherzog Ernst und Erzherzog Maximilian, übernommen wurden.

Doch auch schulintern gab es Querelen. Ursprünglich von den Landständen für die Söhne der protestantischen Herren und Landadligen gegründet, nahm die Stiftsschule ab 1569 auch Grazer Bürgersöhne auf, die jedoch in der Minderheit blieben. Die Landstände waren indessen immer nur bedingt bereit gewesen, in ihre Schule zu investieren. An allem, was nicht unbedingt notwendig war, wurde gespart, so auch an der Bezahlung der Lehrer und Professoren; wobei der Gerechtigkeit halber hinzugefügt werden muß, daß deren Bezahlung damals grundsätzlich mehr als dürftig zu sein pflegte und kaum für den Lebensunterhalt eines Junggesellen ausreichte.[65] Dies hatte zur Folge, daß die Lehrer gezwungen waren, ihr schmales Gehalt durch Nebeneinkünfte aufzubessern. Der eine oder andere tat dies dadurch, daß er Kostschüler aufnahm, diese begünstigte und/oder anderen Schülern gegen Bezahlung Fehler und Verstöße gegen die Hausordnung durchgehen ließ. Über solche Regelwidrigkeiten war man bei der Landschaft zutiefst empört, ohne aber bereit zu sein, grundlegende Abhilfe durch aufgebesserte Lehrergehälter zu schaffen. So blieben die Klagen immer dieselben: liederliche Sitten der Schüler, Disziplinlosigkeit, geringe Lernerfolge und Bestechlichkeit der Lehrer.[66]

Im Jahr 1574 erhielt die Schule durch David Chytraeus eine neue Ordnung, die eine dreiklassige Unter- und eine vierklassige Oberstufe vorsah; man bestellte mehrere Schulinspektoren, reformierte wiederholt die Schulordnung (zuletzt im März 1594).[67] All dies erzeugte nur vorübergehend den Eindruck einer Verbesserung. Die ständige Unzufriedenheit der Stände mit ihrer Schule begünstigte indessen schulinterne Intrigen. So war etwa dem Rektor Dr. Johannes Papius kurz vor Keplers Eintreffen in Graz nahegelegt worden, lieber als landschaftlicher Arzt denn als Rektor zu arbeiten, da man aufgrund von Lehrerbeschwerden an seinen Führungsqualitäten zweifelte. Geraume Zeit herrschte eine Art Interregnum: Papius führte noch die Amtsgeschäfte des Rektors, doch sein Nachfolger Dr. Johannes Regius war bereits gewählt.

In diese angespannte und verworrene Situation kam Johannes Kepler und wurde erst einmal krank. Das «ungarische Fieber» setzte ihm so zu, daß er seinen Unterricht erst am 24. Mai aufnehmen konnte.[68] Für sein neues Amt fühlte sich Kepler nicht allzu gut vorbereitet.[69] An Talent habe es ihm nicht gemangelt, aber an Wissen und Erfahrung. Die Lehrtätigkeit selbst erwies sich für ihn zwar als überaus produktiv, war er durch sie doch gezwungen, sich in mathematische, physikalische und astronomische Theorien einzuarbeiten, für seine Schüler war sein Unterricht jedoch – wie er selbstkritisch vermerkt – eher schwer nachzuvollziehen: Seine Neigung, möglichst viele Gedanken gleichzeitig vorzutragen und neue Einfälle einzuschieben, dürfte viele seiner Schüler überfordert haben.[70] So blieben in seinem zweiten Grazer Jahr die Mathematikschüler ganz aus, was an der Stiftsschule wohl auch früher schon vorgekommen war. Kepler wurde daraufhin von den Schulinspektoren gebeten, in den höheren Klassen sechs Stunden pro Woche Arithmetik, Vergil und Rhetorik zu unterrichten (später auch Ethik und Geschichte), bis sich wieder Mathematikschüler einfänden.[71]

Es dürfte nicht lange gedauert haben, bis Kepler das angespannte «Front»-Klima in der Residenzstadt zu spüren bekam. Die Türken lagen unweit von Graz, die Protestanten wurden in der Ausübung ihrer Religion mehr und mehr eingeschränkt, und die Jesuiten machten mit ihrer schnell wachsenden Schule, die Schüler aller Schichten aufnahm, der Stiftsschule massive Konkurrenz. Es gab zahlreiche gegenseitige «Visitationen», von Jesuiten-Schülern in der Stiftsschule und von Stiftsschülern im Jesuiten-Kolleg, die mindestens in Schmähorgien, oft aber in Handgreiflichkeiten endeten.

Als Erzherzog Karls Sohn Ferdinand, der im Jahr zuvor von der Ingolstädter Jesuiten-Universität zurückgekehrt war, am 12. Dezember 1596 die Regentschaft übernahm, hatte er die zwischen Mutlosigkeit und unbegründetem Optimismus unentschlossen schwankenden protestantischen Stände ohne große Schwierigkeiten und Zugeständnisse zur Huldigung bewegen können. Sie ahnten noch nicht, daß er innerhalb weniger Jahre die protestantischen Kirchen- und Schulbediensteten ausweisen, die Stiftsschule schließen und den Protestanten insgesamt die Ausübung ihrer Religion in der Öffentlichkeit untersagen würde.

Johannes Kepler war nicht nur als Mathematikprofessor in Graz engagiert worden, sondern auch als Mathematiker einer Ehrsamen Landschaft im Herzogtum Steiermark. In dieser Eigenschaft hatte er alljährlich einen Kalender mit astrologischen und meteorologischen Prognostica zu erstellen. Für diese Tätigkeit erhielt er zu seinen 150 Gulden Jahresgehalt als Mathematikprofessor eine Vergütung von 20 Gulden (sein Vorgänger Georg Stadius hatte 200 bzw. 32 Gulden erhalten).[72] Die Astrologie war damals überaus populär; sie hatte aber – obwohl zu der Zeit noch Unterrichtsfach an der Artisten-Fakultät – in Gelehrtenkreisen mit einer wachsenden Gegnerschaft zu kämpfen. Die Einwände reichten von «heidnischem Aberglauben» bis hin zum Vorwurf des Fatalismus von seiten der Anhänger des freien Willens. Kepler suchte – in Anlehnung an die Lehren des Thomas von Aquin – nach einer Synthese von Vorherbestimmung und freiem Willen.[73] Was seine Kalender betraf, war er jedoch immer etwas besorgt, seine wissenschaftliche Reputation könne unter dieser Arbeit leiden. Er tröstete sich damit, daß die Kalender kaum über die Landesgrenzen hinausgelangten und daß die Astrologie auch ein Mittel sei, den Menschen allgemeine Lehren und Wahrheiten zu unterbreiten.

Sein erstes Prognosticum auf das Jahr 1595 erwies sich gleich als überaus erfolgreich. Der vorhergesagte Türkeneinfall traf ebenso ein wie strenge Kälte und Bauernunruhen. Der Inhalt des Kalenders, der sich leider in keinem einzigen Exemplar erhalten hat, läßt sich nur aus einem Brief Keplers an Mästlin rekonstruieren.[74] Kepler überreichte am 1. Oktober 1594 den Ständen und Hofkriegsräten und anderen einflußreichen Persönlichkeiten der Steiermark je ein Exemplar und schickte auch einige Kalender an seine Lehrer und Freunde in Tübingen.

Hatte Kepler in Tübingen die Astronomie noch als eines von mehreren Interessengebieten benannt, rückte sie in Graz – schon berufsbedingt – entschiedener ins Zentrum seiner Studien. Allerdings blieb sie für ihn stets eingebunden in theologische und philosophische Zusammenhänge. Im Quantitativen und Geometrischen suchte er die Antwort auf seine Frage nach dem göttlichen Schöpfungsplan.[75] Das Lehramt ließ ihm genug freie Zeit, um diesen Fragen nachzugehen und Wissenslücken zu schließen.

Keplers Art, Fragen zu stellen, dürfte sich in vieler Hinsicht von der anderer Wissenschaftler seiner Zeit unterschieden haben. So fragte er sich etwa, warum es gerade sechs Planeten gibt (damals waren Uranus, Neptun und Pluto noch nicht entdeckt, da man sie mit den damals gerade erfundenen Fernrohren, die zunächst lediglich eine zwei- bis sechsfache Vergrößerung boten, nicht wahrnehmen konnte), warum sie sich in den gegebenen Entfernungen voneinander bewegen und ob vielleicht ein Zusammenhang zwischen dem Abstand zur Sonne und der Umlaufgeschwindigkeit der Planeten existiert.

Das kopernikanische System hatte dem Betrachter abverlangt, von seiner eigenen Zentralperspektive Abstand zu nehmen und sich die Welt statt dessen von einem imaginären Standort auf der Sonne aus vorzustellen. Wechselte der Betrachter dann wieder seinen Standort auf die Erde, war ein erhebliches Maß an Abstraktionsvermögen und räumlicher Vorstellungskraft gefordert, um sich das verwirrende Konzert der Planetenbahnen als einfache Kreise vorstellen zu können. Die Auseinandersetzung mit dem heliozentrischen Planetenmodell glich damit einer Übung im Perspektivenwechsel. Das Bewußtsein und das Auge des Betrachters wurden selbst Gegenstand reflektierender Betrachtung, um die perspektivischen Verzerrungen, die der irdische Blickwinkel mit sich brachte, zu überwinden.

Kopernikus und auch Kepler hielten sich bei ihren erkenntnistheoretischen Überlegungen an Platons «Timaios» einerseits und die biblische Schöpfungsgeschichte andererseits. Symmetrie und organische Harmonie waren die durch Platon überlieferten pythagoräischen Prinzipien, auf die sich beide als Bausteine des Universums beriefen.[76] Göttliche Attribute stecken in allen Teilen der Schöpfung und können deshalb auch von den Geschöpfen erkannt werden. Die Welt wurde von Gott geschaffen, damit der Mensch sie und sich erkenne. Kausales und finales Denken verschränken sich im Ergründen der sogenannten Zweckursachen. Der Gott Platons schuf am ersten Tag Form und Zahl. Ihren vollkommensten Ausdruck finden Maß, Zahl und Proportion in den fünf regelmäßigen Körpern (aus gleichseitigen Flächen zusammengesetzte, symmetrische Körper), die zugleich die fünf Elemente symbolisieren: Der Würfel (sechs Quadrate) entspricht der Erde, das Tetraeder (vier Dreiecke) entspricht dem Feuer, das Oktaeder (acht Dreiecke) entspricht der Luft, das Ikosaeder (zwanzig Dreiecke) entspricht dem Wasser, das Dodekaeder (zwölf Fünfecke) entspricht der himmlischen Quintessenz. Das Denken in Bildern und Symbolen war in der späten Renaissance noch an der Tagesordnung und geriet erst später in Mißkredit.

Beim Nachdenken über den göttlichen Schöpfungsplan spielte Johannes Kepler zunächst in Gedanken verschiedene Möglichkeiten durch: *Drei Dinge waren es vor allem, deren Ursachen, warum sie so und nicht anders sind, ich unablässig erforschte, nämlich die Anzahl, Größe und Bewegung der Bahnen [der Planeten]. Dies zu wagen bestimmte mich jene*

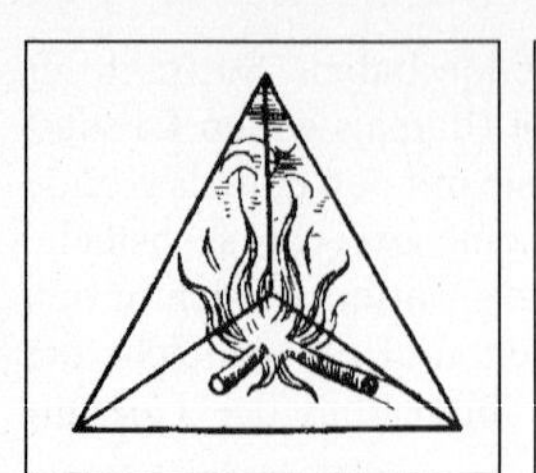

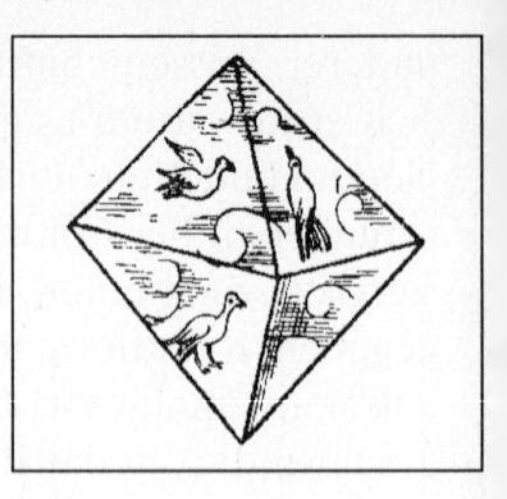

schöne Harmonie der ruhenden Dinge, nämlich der Sonne, der Fixsterne und des Zwischenraumes mit Gott dem Vater, dem Sohne und dem heiligen Geist. […] Da sich die ruhenden Dinge so verhielten, zweifelte ich nicht an einer entsprechenden Harmonie der bewegten Dinge. Zuerst habe ich die Sache mit Zahlen versucht und nachgeschaut, ob vielleicht eine Bahn das Zweifache, Dreifache, Vierfache usw. einer anderen sei, und um wieviel irgend eine Bahn von einer beliebigen anderen abweiche. Viel Zeit habe ich mit dieser Arbeit, mit diesem Zahlenspiel verloren; es ergab sich weder in den Verhältnissen selber noch bei den Unterschieden eine Gesetzmäßigkeit. So kam dabei nur der eine Nutzen heraus, daß sich mir die Entfernungen, wie sie Kopernikus angibt, tief ins Gedächtnis einprägten. […]

Da ich also auf diesem Wege nicht ans Ziel kam, versuchte ich einen erstaunlich kühnen Ausweg. Ich schob zwischen Jupiter und Mars, sowie zwischen Venus und Merkur zwei neue Planeten ein, die beide wegen ihrer Kleinheit unsichtbar seien, und schrieb ihnen ihre Umlaufzeiten zu. So glaubte ich, in den Verhältnissen eine Gesetzmäßigkeit erzielen zu können, so daß die Verhältnisse zwischen je zwei Bahnen gegen die Sonne zu abnehmen, gegen die Fixsterne zu wachsen.[77]

Die Rechnung wäre auch fast aufgegangen, wäre da nicht ein unverhältnismäßig großer Abstand zwischen dem hypothetischen Planeten X (dem viel später entdeckten Asteroidengürtel) und Jupiter und außerdem das Manko, daß dieses Modell weder erklärte, warum es gerade sechs Planeten gab, noch wo deren Reihenfolge begann und wo sie endete.

Fast den ganzen Sommer habe ich mit dieser schweren Arbeit verloren. Schließlich kam ich bei einer ganz unwichtigen Gelegenheit dem wahren Sachverhalt näher. Ich glaube, durch göttliche Fügung ist es so gekommen, daß ich durch Zufall bekam, was ich durch keine Mühe vorher erreichen konnte; ich glaubte das um so eher, weil ich immer zu Gott gebetet hatte, er möge meinen Plan gelingen lassen, wenn Kopernikus die Wahrheit verkündet habe. Da, als ich am 9./19. Juli 1595 meinen Zuhörern zeigen wollte, wie die großen Konjunktionen immer acht Zeichen überspringen und nach und nach von einem Dreieck zu einem anderen übergehen, zeichnete ich in einen Kreis viele Dreiecke, wenn man sie so nennen darf, so daß

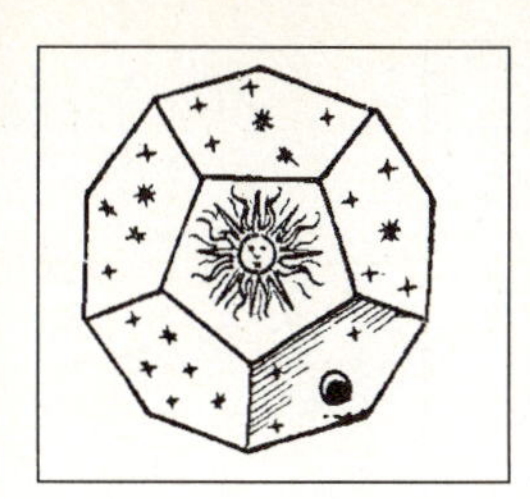

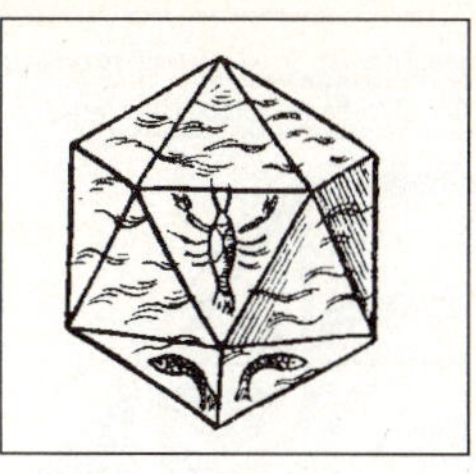

Die fünf platonischen Körper (von links): Tetraeder (Feuer), Kubus (Erde), Oktaeder (Luft), Dodekaeder (Himmel), Ikosaeder (Wasser)

das Ende des einen immer den Anfang des nächsten bildet (Du siehst das in der beifolgenden Figur der großen Konjunktionen des Saturn und des Jupiter). Nun entstand durch die Punkte, in denen sich die Dreiecksseiten schnitten, ein kleiner Kreis; denn der Halbmesser des einem solchen Dreieck einbeschriebenen Kreises ist die Hälfte des Halbmessers des umbeschriebenen Kreises. Das Verhältnis zwischen den beiden Kreisen war für den Augenschein ganz ähnlich jenem, das zwischen Saturn und Jupiter besteht, und das Dreieck ist die erste der geometrischen Figuren, wie Saturn und Jupiter die ersten Planeten sind. Gleich habe ich mit einem Viereck die zweite Entfernung zwischen Mars und Jupiter, mit einem Fünfeck die dritte, mit einem Sechseck die vierte ausprobiert. Da es bei der zweiten Entfernung zwischen Jupiter und Mars auch das Auge verlangt, habe ich ein Quadrat an das Dreieck und an das Fünfeck gefügt. […] Das Ende dieses vergeblichen Versuchs war zugleich der Anfang eines letzten, glücklichen. Ich dachte nämlich, daß ich auf diesem Wege niemals bis zur Sonne gelan-

Schema der großen Konjunktionen von Jupiter und Saturn, aus Johannes Keplers «Mysterium cosmographicum»

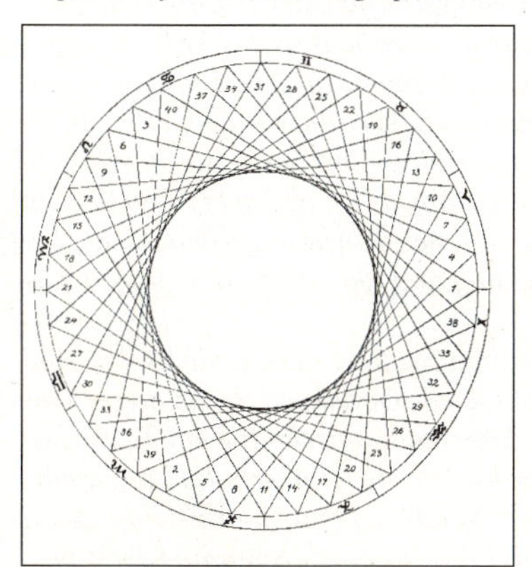

Skizze Keplers aus seinem Brief an Michael Mästlin vom 14. September 1595

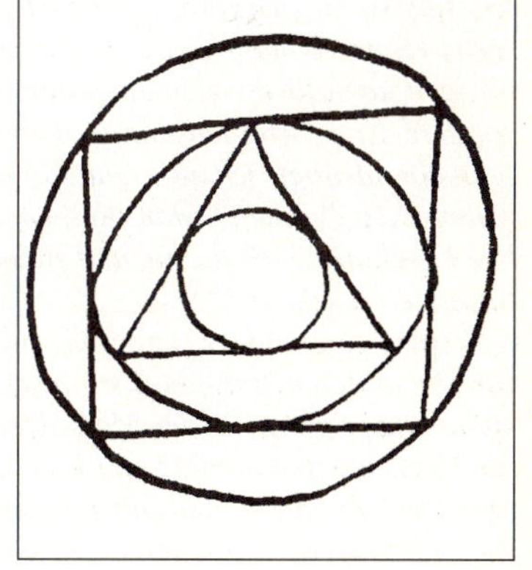

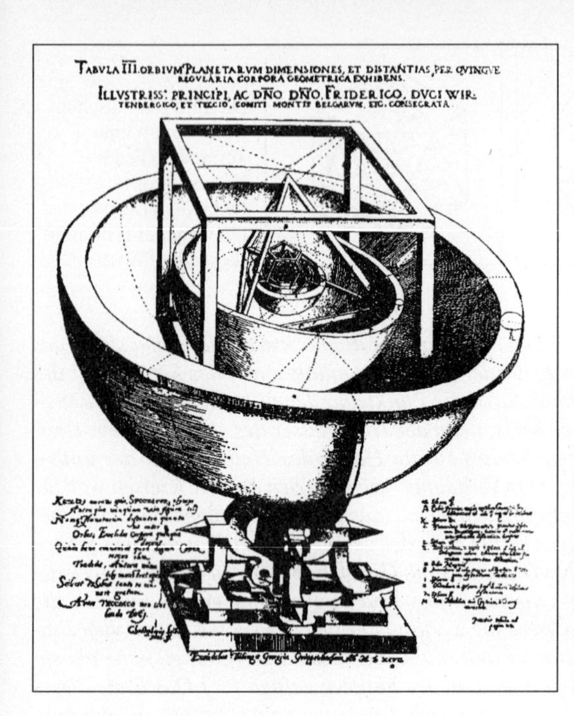

Darstellung der in sich verschachtelten platonischen Körper und Planetensphären (links; aus: Mysterium cosmographicum rechts; aus: Harmonice mundi)

gen würde, wenn ich die Ordnung unter den Figuren einhalten wollte, und daß ich keinen Grund finden würde, warum es eher sechs als zwanzig oder einhundert Planeten geben solle. Jedoch gefielen mir die Figuren, sind sie doch Quantitäten, und etwas, was vor dem Himmel da war. Denn die Quantität ist am Anfang mit dem Körper geschaffen, der Himmel am zweiten Tag. Wenn sich nun, dachte ich, für die Größe und das Verhältnis der sechs Himmelsbahnen, die Kopernikus annimmt, fünf Figuren unter den übrigen unendlich vielen ausfindig machen ließen, die vor den anderen besondere Eigenschaften voraus hätten, so ginge die Sache nach Wunsch. Nun aber drängte ich aufs neue vorwärts. Was sollen ebene Figuren bei den räumlichen Bahnen? Man muß eher zu festen Körpern greifen. Siehe, lieber Leser, nun hast du meine Entdeckung und den Stoff zum ganzen vorliegenden Büchlein![78]

Kepler ging von folgender Grundannahme aus: «*Die Erde ist das Maß für alle anderen Bahnen. Ihr umschreibe ein Dodekaeder; die dieses umspannende Sphäre ist der Mars. Der Marsbahn umschreibe ein Tetraeder; die dieses umspannende Sphäre ist der Jupiter. Der Jupiterbahn umschreibe einen Würfel; die diesen umspannende Sphäre ist der Saturn. Nun lege in die Erdbahn ein Ikosaeder; die diesem einbeschriebene Sphäre ist die Venus.*

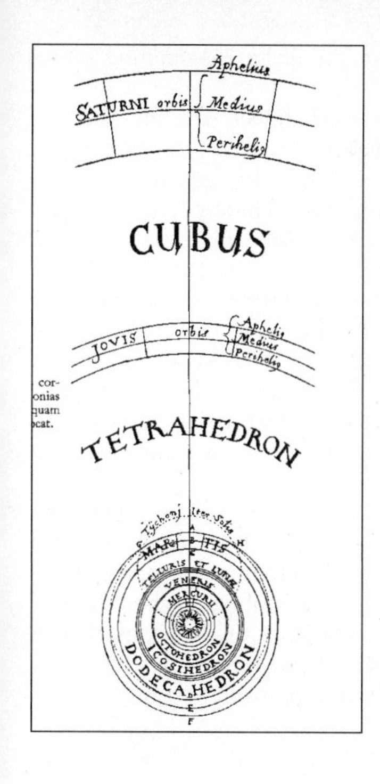

In die Venusbahn lege ein Oktaeder, die diesem einbeschriebene Sphäre ist der Merkur.» Da hast du den Grund für die Anzahl der Planeten.[79]

Als er diese Lösung gefunden hatte, jubilierte Kepler: *Den Genuß, den ich aus meiner Entdeckung geschöpft habe, mit Worten zu beschreiben, wird mir nie möglich sein. Nun reute mich nicht mehr die verlorene Zeit; ich empfand keinen Überdruß mehr an der Arbeit; keine noch so beschwerliche Rechnung scheute ich. Tage und Nächte habe ich mit Rechnen zugebracht, bis ich sah, ob der in Worte gefaßte Satz mit den Bahnen des Kopernikus übereinstimmte, oder ob die Winde meine Freude davontrügen.*[80]

Kepler nimmt sich vor, seine Erkenntnisse, sollten sie sich denn als wahr herausstellen, sobald als möglich zu veröffentlichen. Seine Briefe an Michael Mästlin legen beredtes Zeugnis ab für seine Ergriffenheit und seinen Eifer, noch bestehende Unklarheiten auszuräumen. Michael Mästlin, tief beeindruckt von der Entdeckung seines Schülers, half mit Rat und setzte sich im Folgejahr auch tatkräftig für die Drucklegung des Erstlingswerks Keplers ein.

Unterdessen war sich Kepler seiner mißlichen Lage an der Grazer Stiftsschule bewußt geworden. Er vermutet in seinem Brief vom 7./17. Mai 1595 an Michael Mästlin, daß seines Bleibens in Graz nicht über das Jahr 1596 hinaus sein werde. Er bittet Mästlin, ihm zu sagen, ob er sich aus seiner Verpflichtung dem württembergischen Hof gegenüber lösen könne; alles weitere werde ihm sein besonderer Gönner (der ehemalige Rektor der Stiftsschule) Johannes Papius mitteilen. Papius übersiedelte zu der Zeit gerade von Graz nach Tübingen, wo ihm ein Lehrstuhl für Medizin angeboten worden war. Er hatte Kepler geraten, die Stiftsschule zu verlassen und statt dessen einen Zögling für anständiges Gehalt an irgendeine Hochschule zu begleiten.

Keplers Schulsorgen wurden indessen bald verdrängt durch die Euphorie über die Entdeckung des *Weltgeheimnisses*. Unermüdlich saß er Sommer und Herbst 1595 an der Ausarbeitung seines *Mysterium cosmographicum*. Ende Januar 1596 brachte Kepler das Manuskript schließlich selbst nach Tübingen, um dort für seine Drucklegung zu sorgen. Offizieller Anlaß seiner Reise war die lebensbedrohliche Erkrankung seines Großvaters Sebald Kepler.[81]

Der Aufenthalt in Württemberg dehnte sich jedoch weit über die vorgesehenen zwei Monate auf insgesamt sieben Monate aus, nicht nur weil das *Mysterium cosmographicum* auf den Weg zu bringen war, sondern auch weil Kepler Herzog Friedrich von Württemberg vorgeschlagen hatte, sein Planetenmodell als silbernen Kredenzbecher fertigen zu lassen. Aus jeder der ineinandergeschachtelten Hemisphären sollte man ein anderes Getränk trinken können. Nach ersten Entwürfen entschied sich der Herzog jedoch dafür, statt des Trinkbechers ein Planetarium nach Keplers Entwürfen fertigen zu lassen. Diesem Projekt war allerdings kein Glück beschieden. Es zog sich über Jahre hin und mußte schließlich doch – nachdem viel Zeit, Geld und Mühe vertan worden waren – fallengelassen werden, da zu viele technische Schwierigkeiten die Kosten in astronomische Höhen zu treiben drohten.

Doch immerhin hatte sich Kepler auf diese Weise seinem Fürsten in Erinnerung gebracht, was sich für ihn (auch nach Überreichung seines Kalenders) in klingender Münze auszahlte. Überhaupt verstand es Kepler, sich und sein Erstlingswerk gebührend bekannt zu machen. Bereits im November 1595 (Brief vom 15.11.1595) hatte er dem kaiserlichen Mathematiker Raimarus Ursus von seinem *Mysterium cosmographicum* berichtet. Die Antwort blieb Ursus allerdings bis nach Veröffentlichung des Buches im Frühjahr 1597 schuldig.

Anfang Mai (1./11.5.1596) holte Kepler die offizielle Erlaubnis der Universität Tübingen zur Veröffentlichung des *Mysterium cosmographicum* ein und schrieb am 15. Mai 1596 seine Widmung an die Stände in Steiermark. Mästlin hatte ihm durch diverse Gutachten den Weg sowohl bei Herzog Friedrich als auch beim Drucker Georg Gruppenbach in Tübingen geebnet und sich auch bereit erklärt, die Drucklegung in Tübingen nach Keplers Abreise zu überwachen.

So schien sich, nachdem Kepler sein Erstlingswerk stilistisch überarbeitet, auf die einleitende Auseinandersetzung mit der Frage, ob das heliozentrische Planetenmodell der Heiligen Schrift widerspreche, verzichtet (damit er sich nicht – wie Hafenreffer riet – unnötig viel Feinde mache) und auf Mästlins Empfehlung hin die «Narratio Prima» (den «Ersten Bericht») des Rheticus über Kopernikus' «De revolutionibus» der besseren Verständlichkeit halber in sein Buch mitaufgenommen hatte, alles – wenn auch bisweilen unter Schwierigkeiten – in die gewünschte Richtung zu entwickeln.

Doch ein Moment der Verunsicherung trübte Keplers Aufenthalt in Württemberg: Er wandelte nämlich unterdessen auf Freiersfüßen, wenngleich, wie sich herausstellen sollte, auf ziemlich wackeligen. Durch die Vermittlung von Freunden war Kepler auf die junge Witwe Barbara Müller in Graz aufmerksam gemacht worden. Genauer gesagt war Barbara

Müller mit ihren 23 Jahren bereits zweifache Witwe. Mit sechzehn Jahren gegen ihren Willen mit dem über zwanzig Jahre älteren Hoftischler Wolf Lorenz vermählt, heiratete sie nach dessen Tod ihren Verwandten Marx Müller. Aus der ersten Ehe hatte sie eine Tochter, Regina Lorenz (geboren am 7. 9. 1591). Kaum war Marx Müller am 24. Oktober 1595 gestorben[82], wurde seine Witwe Barbara auf dem örtlichen Heiratsmarkt gehandelt. Sie war als älteste Tochter des reichen Mühlenbesitzers Jobst Müller eine gute Partie, und wirtschaftliche Gesichtspunkte spielten damals bei Eheschließungen eine wichtige Rolle. Eine Vielzahl von Vermittlern und Werbern beteiligte sich an der Heiratsanbahnung. Kepler notiert im Dezember 1595, wenn auch nur in Andeutungen, er habe zum erstenmal von seiner Venus gehört. Als er Ende Januar 1596 nach Württemberg abreiste, bat er den Arzt Dr. Johann Oberndorffer und den Stiftsprediger Heinrich Osius, die Werbung für ihn zu betreiben. Auch der Rektor Johannes Papius wurde eingeweiht.

In Württemberg wartete Kepler ungeduldig auf Nachricht aus Graz, wie es um seine Brautwerbung stünde. Zunächst klingt die briefliche Auskunft durchaus zuversichtlich – alles sei klar und abgemacht.[83] Zweifel am Zustandekommen der Verbindung Keplers mit Barbara Müller werden erstmals erwähnt in einem Brief von Regius an Papius, aber sogleich wieder weggewischt. Papius, der Kepler von Regius' Brief in Kenntnis setzt, rät ihm, möglichst bald nach Graz zurückzukehren und sich unterwegs in Ulm möglichst «mit gar guten Seydenrupff, oder auffs wenigst der besten Doppeltaffet, zu einem gantzen kleid für euch und euer sponsam»[84] einzudecken. Doch damit hatte Kepler keine Eile. Als er schließlich im Spätsommer (ohne Seidenrupf oder Doppeltaft) nach Graz zurückkehrte, erwartete ihn eine unerfreuliche Überraschung. Verwundert darüber, daß ihm niemand zu seiner Verlobung gratulierte, erfährt er, daß er seine Braut verloren habe. Der Vater der Braut, Jobst Müller, scheint die treibende Kraft gewesen zu sein, die die Verbindung zu vereiteln suchte.

Kepler, der sich gerade an den Gedanken einer Eheschließung gewöhnt hatte, mußte – da er vorerst nichts erreichen konnte – von diesem Gedanken wieder Abschied nehmen. Als er schon alle Hoffnung aufgegeben hatte, Graz auf jeden Fall verlassen wollte und sich einredete, diese Ehe sei ohnehin nichts für ihn, kam unerwartet der Umschwung. Kepler hatte bei der obersten evangelischen Kirchenbehörde um eine Entscheidung in seiner Eheangelegenheit nachgesucht. Dieser Schritt in die Öffentlichkeit hatte offenbar die Gegenseite eingeschüchtert. Man bot einen privaten Vergleich an, der sich jedoch bald als pure Hinhalte- und Zermürbungstaktik herausstellte. Allein Keplers Beharren auf einem amtlichen Schiedsspruch (Eingabe vom 17. 1. 1597) brachte die Gegenseite zum Einlenken.[85] So wurde am 9. Februar 1597 das Verlöbnis feierlich bekräftigt.

Johannes Kepler…

Im Rückblick erscheint Kepler die ganze Angelegenheit wie eine Komödie. Er hatte sich vorgestellt, nach dem Schiedsspruch des Kirchenministeriums Graz zu verlassen, nun mußte er natürlich bleiben. Kepler schickt Mästlin am 10. Februar 1597 Korrekturen zum Druck seines *Mysterium cosmographicum*, das kurz vor der Auslieferung steht. Nochmals bedankt er sich überschwenglich bei Mästlin für dessen Hilfe und bittet darum, ihm möglichst bald fertige Exemplare seines Werkes zu schicken, da er sie gerne den Verordneten anläßlich der Tagung der Stände kurz nach Ostern überreichen möchte.

Kurz vor seiner Eheschließung erfährt Kepler, daß das *Mysterium cosmographicum* fertiggestellt ist. Doch seine Briefe vermitteln keine rechte Freude über die bevorstehende Heirat. Er bleibt reserviert, so als wage er nicht, seinem Glück zu trauen. Am 27. April 1597 findet die kirchliche Trauung in der evangelischen Stiftskirche in Graz statt, astrologisch gesehen zu einem ungünstigen Zeitpunkt, wie Kepler erwähnt.[86] Er mußte sich hoch verschulden, um die Hochzeitsfeier nach Landessitte ausrichten zu können, doch hegte er die Hoffnung, das Vermögen seiner Frau gestatte ihm später ein ruhiges Gelehrtenleben. Kepler zieht mit seiner Frau und deren Tochter in die Grazer Stempfergasse und genießt – zumindest fürs erste – den Ehestand. Im September 1597 berichtet er seinem Lehrer Mästlin: *Ich und meine Gattin erfreuen uns, ganz nach unse-*

… und seine erste Frau
Barbara, um 1597

ren Wünschen, eines ehelichen Wohlbehagens. Was damit gesagt sein will, wird die Sonne an den Tag bringen, wenn sie in Quadratur zum Anfang gelangt sein wird.[87]

Nachdem das *Mysterium cosmographicum* erschienen war, trägt Kepler Sorge, daß Freunde, Vorgesetzte, Lehrer und einflußreiche Persönlichkeiten mit einem Exemplar bedacht werden. Er schickt auch ein Exemplar an Galileo Galilei in Italien und ist überglücklich, als er dessen höfliche Antwort in Händen hält.[88] Überschwenglich antwortet er auf Galileis Brief, in dem sich dieser zur Lehre des Kopernikus bekannt hatte, aber auch Ängste äußerte, öffentlich für Kopernikus einzutreten: *Seid guten Mutes, Galilei, und tretet hervor. Wenn ich recht vermute, gibt es unter den bedeutenden Mathematikern Europas wenige, die sich von uns scheiden wollen. So groß ist die Macht der Wahrheit. […] Nun möchte ich noch eine Beobachtung von Euch erbitten; da ich nämlich keine Instrumente besitze, muß ich zu anderen meine Zuflucht nehmen.*[89]

Es geht Kepler bei dem erbetenen Beobachtungsmaterial um die Frage, ob sich die Entfernung der Fixsternsphäre mit Hilfe einer Fixsternparallaxenmessung bestimmen ließe. Zu seinem Leidwesen erhielt Kepler, der sich schon auf einen regen Gedankenaustausch mit Galilei gefreut hatte, auf diesen Brief nie eine Antwort, und auch später verhielt sich Galilei ihm gegenüber ausgesprochen wenig kollegial. Kepler hingegen blieb weiterhin bemüht, sich mit Galilei ins Einvernehmen zu setzen. So ließ er ihm im Sommer 1599 durch einen Dritten (höchstwahrscheinlich Edmund Bruce) den Entwurf zu seiner *Harmonice mundi* übermitteln[90], ohne aber Galilei dadurch zu einer Antwort bewegen zu können (das Schreiben fand sich in Galileis Nachlaß). Edmund Bruce, der bemüht war, Kepler in Italien bekannt zu machen, teilte diesem in seinen Briefen vom 15. August 1602 und 21. August 1603 hingegen mit, Galilei gebe Keplers Entdeckungen als seine eigenen aus.[91] Kepler reagierte überaus großmütig. Er schreibt an Edmund Bruce: *Ich gratuliere mir mit gutem Grund dazu, in Euch einen so freundlichen Herold meines Ruhms in Italien zu besitzen. Es gibt aber etwas, wozu ich Euch mahnen möchte: denket nicht höher von mir und bringet auch andern keine höhere Meinung von mir bei, als ich durch Leistungen rechtfertigen kann. Ihr wißt ja wohl, daß uns eine betrogene Meinung schließlich zur Verachtung wird. Galilei halte ich mitnichten zurück, meine Sachen für sich in Anspruch zu nehmen. Meine Zeugen sind das helle Tageslicht und die Zeit. Wer auf diese Zeugen hört – die Gebildeten und Vernünftigen hören darauf –, der läßt sich nie täuschen.*[92]

Das *Mysterium cosmographicum* verschaffte Kepler in der gelehrten Welt den Ruf, ein begabter und überaus gebildeter junger Mann zu sein, auch wenn es neben den lobenden kritische oder gar schmähende Stimmen gab. So wandte sich der bayrische Kanzler Johann Georg Herwart von Hohenburg nach Lektüre des *Mysterium cosmographicum* über seinen steiermärkischen Kollegen, den Regimentskanzler und Geheimen Rat Dr. Elias Grienberg[93], an Kepler mit der Bitte um Beistand in einigen Fragen der Chronologie.

Keplers Erwartung, Herwarts Wohlwollen zu gewinnen, wurde nicht enttäuscht. An diesen Brief schloß sich ein reger, über viele Jahre durchgehaltener, vorwiegend wissenschaftlicher Gedankenaustausch mit Herwart an, der Kepler immer wieder zu ermuntern und zu unterstützen wußte.

Ende Mai hatte sich der kaiserliche Mathematiker Nikolaus Raimarus Ursus endlich auf Keplers Brief vom 15. November 1595 gemeldet.[94] Er hatte gelesen, daß Keplers Werk inzwischen erschienen war und bat darum, ihm ein Exemplar zu schicken. Als Grund für seine verspätete Antwort führt Ursus seine chronologischen Studien an (er schickt Kepler ein Exemplar seines «Chronotheatrum») und verspricht Kepler, ihm nach eingehender Lektüre seines Buches sein Urteil darüber mitzuteilen. Dieses Versprechen wurde nicht eingelöst.

Mit dem dänischen Astronomen Tycho Brahe hatte Kepler mehr Glück. Er bat ihn in seinem Brief vom 13. Dezember 1597 um Stellungnahme zu seinem *Mysterium cosmographicum*, von dem er zu Recht annahm, daß es Tycho Brahe bereits vorlag.[95] Brahe antwortete am 1. April 1598 (a. St.): «Euer Brief aus Steiermark vom 13. Dezember letzten Jahres ist mir Anfang März durch den Boten aus Helmstadt überbracht worden. Obwohl Ihr mich nicht von Angesicht kennt und wir weit auseinander wohnen, bekundet Euer Brief außer Gelehrsamkeit eine freundliche und liebenswürdige Gesinnung gegen mich, für die ich Euch meinen Dank sage. Euer Buch, das Ihr einen ‹Vorboten kosmographischer Abhandlungen› nennt, hatte ich vorher schon gesehen und durchgelesen, soweit es anderweitige Arbeiten gestatteten. Es gefällt mir wirklich in nicht gewöhnlichem Maß. Euer feiner Verstand und Euer scharfsinniges Studium leuchtet daraus hell hervor, um von dem sauberen, wohlgerundeten Stil zu schweigen. Es ist sicherlich ein geistvoller und wohlgefügter Gedanke, die Entfernungen und Umläufe der Planeten, wie Ihr es tut, mit den symmetrischen Eigenschaften der regulären Körper in Verbindung zu bringen. Und sehr viel davon scheint hinlänglich zu stimmen, wobei es nichts verschlägt, wenn die kopernikanischen Verhältnisse überall um sehr kleine Beträge abweichen. Denn diese weichen auch von den Erscheinungen ziemlich stark ab. [...] Wenn Ihr eine durchgängige Übereinstimmung, die in keiner Weise hinkt und die nichts mehr zu wünschen übrig läßt, gefunden habt, so werde ich Euch für einen großen Apollo halten. Soweit ich Eure diesbezüglichen schwierigen Untersuchungen unterstützen kann, werdet Ihr mich keineswegs unzugänglich finden, besonders wenn Ihr mich einmal besucht und zu meiner Freude mündlich mit mir eine willkommene Unterhaltung über diese sublimen Dinge führt.»[96]

Seine Skepsis gegenüber Keplers deduktivem Vorgehen äußerte Tycho deutlicher in seinem Brief an Michael Mästlin vom 21. April 1598 (a. St.). «Wenn die Verbesserung der Astronomie eher a priori mit Hilfe der Verhältnisse jener regulären Körper bewerkstelligt werden soll als auf Grund von a posteriori gewonnenen Beobachtungstatsachen, wie Ihr nahelegt, so werden wir schlechterdings allzulange, wenn nicht ewig umsonst darauf warten, bis jemand dies zu leisten vermag.»[97]

Zurück ins Jahr 1597: Nach seiner Eheschließung schrieb Kepler seine hier schon öfters zitierte Selbstcharakteristik, die den Eindruck einer ersten Bilanz vermittelt. Keplers Blick auf sich und sein Leben legt beredtes Zeugnis ab von seinem kritischen Verhältnis sowohl zu sich als auch zur Astrologie. Er schont sich nicht, im Gegenteil. Seine Schwächen behandelt er eingehender als seine Stärken, um die er gleichwohl weiß. Er schreibt von sich in der dritten Person: *Dieser Mensch hat ganz und gar eine Hundenatur. Er ist wie ein verwöhntes Haushündchen.*

I. Der Körper ist beweglich, dürr, wohlproportioniert. Die Nahrung ist bei beiden die gleiche, es macht ihm Spaß, Knochen abzunagen und harte Brotkrusten zu kauen, er ist gefräßig, ohne Ordnung, sobald ihm etwas unter die Augen kommt, reißt er es an sich. Er trinkt wenig. Er ist selbst mit dem Geringsten zufrieden.

II. Sein Charakter ist ganz ähnlich. Zuerst macht er sich (wie ein Hund bei den Hausgenossen) beständig bei den Vorgesetzten beliebt, in allem ist er von andern abhängig, ist ihnen zu Diensten, wird gegen sie nicht wütend, wenn er getadelt wird, auf jede Art sucht er sich wieder auszusöhnen. Er forscht alles aus in der Wissenschaft, Politik, im Hauswesen, selbst die einfachsten Tätigkeiten. Er befindet sich in fortwährender Bewegung, und irgendwelche Leute, die das und jenes treiben, verfolgt er, indem er dasselbe ausdenkt.

Er ist ungeduldig in der Unterhaltung, und solche, die häufig ins Haus zu kommen pflegen, begrüßt er ebenso wie ein Hund. Sobald ihm jemand das Geringste entreißt, knurrt er, glüht wie ein Hund. Er ist hartnäckig, eifert gegen jeden, der sich schlecht aufführt, er bellt nämlich. Er ist auch bissig, scharfer Spott liegt ihm auf der Zunge. So ist er den meisten verhaßt und wird von ihnen gemieden, die Vorgesetzten jedoch halten ihn wert, nicht anders als die Hausbewohner einen guten Hund. Vor Baden, Untertauchen, Waschen schaudert es ihn wie einen Hund.

[…] Nun ist zu reden von den Seiten seines Gemüts und Charakters, durch die er einigermaßen geschätzt wird, wie etwa Redlichkeit, Frömmigkeit, Treue, Ehrgefühl, guter Geschmack. Zuletzt werden noch einige Eigenschaften zu nennen sein, die in der Mitte liegen oder aus diesen beiden Seiten gemischt sind, wie etwa seine Wißbegierde oder sein vergebliches Streben nach den größten Dingen.[98]

Dieser Abschnitt fällt bemerkenswert kurz aus. Auch in seinem Brief an Herwart von Hohenburg vom 9. und 10. April 1599 äußert sich Kepler eingehend über sich und die Astrologie.[99] Zwar hat er mehr Fragen als Antworten, doch geht er als sicher davon aus, daß es eine, wenn auch unbefriedigend erklärte Einwirkung von Gestirnskonstellationen auf Erde und Mensch gibt. Hier wie in der Geometrie baut er auf harmonische Gesetze und denkt in Analogien, in *Typus und Archetypus.*[100] *Die Erde ist ein körperliches, aber doch erschaffenes Bild Gottes. Der Leib ist ein Bild der Welt (daher Mikrokosmos); die Form der Körper, die Mannigfaltigkeit der Seelen, der Schicksale sind Bilder der Mannigfaltigkeit, die unter den Gestirnstellungen am Himmel herrscht. […] Und weil die himmlische Konstellation in einem Zeitpunkt geschaut wird, so entspricht ihr auch im Menschen etwas, was von Dauer ist; es ist das, was ich den gemeinsamen Charakter von Seele, Körper und Schicksal genannt habe.*[101]

Im selben Brief äußert sich Kepler auch über das Horoskop seiner Frau Barbara: *Schauet Euch einen Menschen an, bei dessen Geburt die guten Gestirne Jupiter und Venus nicht günstig gestellt sind. Ihr werdet sehen, daß ein solcher Mensch zwar rechtschaffen und weise sein kann, aber doch ein wenig heiteres und ziemlich trübseliges Los besitzt. Mir ist eine solche Frau bekannt. Sie wird in der ganzen Stadt wegen ihrer Tugend, Züchtigkeit und Bescheidenheit gerühmt. Dabei ist sie aber einfältig und hat einen dicken Körper. […] In allen Geschäften ist sie verwirrt und verlegen. Auch gebärt sie schwer. Alles andere ist von der gleichen Art.*[102]

Das eheliche Wohlbehagen war unterdessen einem ernüchterten Blick gewichen. Am 2. Februar 1598 hatte Barbara Kepler einen Sohn, Heinrich, zur Welt gebracht. Die Sternkonstellationen verhießen das Allerbeste, allein, das Kind starb nach zwei Monaten an Hirnhautentzündung. Auch das nächste Kind, Susanna, geboren am 12. Juni 1599, starb gut einen Monat nach seiner Geburt an derselben Krankheit. Kepler war untröstlich. Kurz zuvor hatte er seine Tochter – wegen des Verbots der Religionsausübung für evangelische Pfarrer in Graz – in Baierdorf taufen lassen, was ihm eine Strafe von zehn Talern eintrug; diese wurde zwar auf sein Ersuchen hin auf die Hälfte reduziert, doch diesen Betrag hatte er zu bezahlen.

Nach Ferdinands Amtsantritt hatte sich die Lage der Protestanten in Graz allmählich verschlechtert. Die meisten Protestanten schwankten anfangs zwischen Hoffen und Bangen. Als Ferdinand im Frühsommer 1598 zu einer Italienreise aufgebrochen war, kursierten wilde Gerüchte in Graz; Kepler schildert sie in seinem Brief vom 1./11. Juni 1598 an Michael Mästlin: *[…] Alles zittert vor der Rückkehr des Fürsten. Man sagt, daß er italienische Hilfstruppen heranführe. Der Bürgersenat unserer Konfession wurde abgesetzt. Die Bewachung der Tore und des Zeughauses wurde Anhängern des Papstes übertragen. Überall hört man Drohungen.*[103]

Nach Ferdinands Rückkehr aus Italien eskalierte die Situation. Kepler berichtet die dramatischen Ereignisse in seinem Brief vom 8. Dezember 1598 an Michael Mästlin:

Kaum war der Fürst aus Italien zurückgekehrt, da kam es vor, daß hier gewisse Figuren aus Erz zur Verspottung des Papstes verteilt wurden. Der Fürst ließ den Vorsitzenden des Kirchenrates kommen und sagte: «Ihr verschmäht den Frieden, auch wenn ich ihn Euch geben würde.» Daraufhin wurde ein Buchhändler, obwohl er Beamter der Stände war, auf Befehl des Fürsten in das Gefängnis geworfen. Das geschah im Juli. […] Im August ereignete sich nun das Vorspiel zur Tragödie. Der Erzpriester der Stadt untersagte amtlich unseren Predigern jede Ausübung der Religion, die Erteilung der Sakramente und die Einsegnung der Ehen, indem er ein Recht vorschützte, das seit alters her jedem Erzpriester des Orts zustehe […].[104]

Der katholische Stadtpfarrer Lorenz Sonnabenter hatte diese Forderungen in einem Brief an die evangelischen Stiftsprediger vom 13. August 1598 erhoben, unter Berufung darauf, daß ihm, der von der weltlichen und geistlichen Obrigkeit eingesetzt worden sei, die geistliche Jurisdiktion in Graz obliege.[105] Nach den Bestimmungen des Augsburger Religionsfriedens von 1555 waren Sonnabenters Forderungen durchaus rechtmäßig, war doch der Landesfürst katholisch. Als auf seinen Brief hin nichts erfolgte, wandte sich Sonnabenter an den Herzog mit der Bitte, das evangelische Kirchenministerium abzuschaffen. Erzherzog Ferdinand entsprach dieser Bitte mit Dekret vom 13. September 1598. Es verfügte, daß binnen vierzehn Tagen «das ganze Stifts-, Kirchen- und

Schulexerzitium sowohl in Graz als auch in Judenburg» abzuschaffen sei und alle Betroffenen sich nach dieser Frist nicht mehr in der Steiermark aufhalten dürften.[106]

Die protestierenden Eingaben der Verordneten erwirkten keinerlei Konzessionen Ferdinands. Die evangelischen Stiftsprediger und -lehrer mußten Graz bis zum Abend des 27. September 1598 und die Steiermark acht Tage später verlassen haben. Entmutigt und widerstandslos zogen sie auf Geheiß der Verordneten in Richtung Ungarn und Kroatien. Mitnehmen konnten sie nur das Nötigste. Frauen und Kinder blieben zurück. Die Vertriebenen erhielten ein Reisegeld und bis auf weiteres ihr Gehalt. (Ein Jahr später wurden sie schließlich entlassen, was das Ende der Grazer Stiftsschule bedeutete.) Die meisten hielten sich in der Nähe der Grenze zur Steiermark auf, in der Hoffnung, bald zurückkehren zu können. Dieser Wunsch ging indessen nur für einen in Erfüllung – für Johannes Kepler. Dank der Intervention einflußreicher Freunde, die den Erzherzog darauf hinwiesen, daß das Amt des Landschaftsmathematikers von Konfessionsangelegenheiten unabhängig sei, konnte Kepler zurückkehren. Er bat Ferdinand um Bestätigung, daß sein neutrales Amt von der Ausweisungsverfügung ausgenommen sei und erhielt positiven Bescheid: «Doch soll er sich allenthalben gebürlicher Beschaidenheit gebrauchen und sich also Unverweislich verhalten, damit Ihre Durchlaucht solliche gnad wider aufzuheben nit verursacht werde.»[107]

Unschlüssig, ob er dem Frieden trauen soll, fragt Kepler bei Mästlin an, ob er mit seiner Fürsprache rechnen könne, wenn er sich irgendwann einmal um eine Professur in Tübingen oder anderswo bewerben würde. Diese zunächst noch vorsichtige und indirekte Anfrage wird von Mästlin ebenso übergangen wie die folgenden, die um so drängender werden, je unhaltbarer und aussichtsloser die Situation in Graz wird. Fast sein ganzes Leben lang wird Kepler – vergeblich – von einer Professur in Tübingen träumen.

Die Zeit zwischen 1598 und 1600, als er Graz endgültig verlassen mußte, war für Kepler zwar bedrückend, in wissenschaftlicher Hinsicht jedoch durchaus produktiv. Der Lehrverpflichtung ledig, konnte er sich verstärkt wissenschaftlichen Studien widmen. Er vertieft sich in die Harmonielehre (der Entwurf zu seiner *Harmonice mundi* entsteht), übersetzt Ptolemaios «Harmonik» ins Lateinische, liest Euklid, Regiomontanus und die «Trigonometrie» des Clavius.[108] Auch weiterhin beschäftigt er sich mit Fragen der Chronologie und errechnet gegen gute Bezahlung Horoskope für die Adligen der Gegend. Im übrigen stellte er eigene Himmelsbeobachtungen an mit Hilfe eines selbstgebauten Instruments, das Kepler Herwart in einem Brief vom 16. Dezember 1598 wie folgt schildert: *Haltet das Lachen an, Freunde, die Ihr zu dem Schauspiel zugelassen seid! Da ich mir kein anderes Material leisten konnte als Holz und ich wußte, daß alles Holz nach der Beschaffenheit der Luft schwillt und*

Risse bekommt, so daß es breiter wird, habe ich ein Instrument fabriziert, bei dem alle Teile, die zuverlässig und konstant sein müssen, von Holzstücken gehalten wurden, deren Fasern sich in die Länge erstrecken. Ich bildete ein Dreieck mit 6, 8 und 10 Fuß langen Seiten; [...]. Dieses Dreieck hing ich am rechten Winkel auf, [...] teilte die Hypotenuse oder die 10 Fuß lange Seite in kleinste Teile und brachte an der einen Kathete Visiere an.[109]

Kepler suchte weiterhin vergeblich nach einer Fixsternparallaxe. Die unermeßliche Entfernung der Fixsterne macht ihm, der (anders als Nikolaus von Kues und Giordano Bruno) nicht an die Unendlichkeit des Weltalls glaubt, schwer zu schaffen. Er tröstet sich: *Allein es schafft keine geringe Erleichterung, wenn ich bedenke, daß wir uns nicht so fast über die ungeheure, geradezu unendliche Weite des äußersten Himmels wundern müssen, als vielmehr über die Kleinheit von uns Menschlein, die Kleinheit dieses unseren so winzigen Erdkügelchens und ebenso aller Wandelsterne. Ist doch für Gott die Welt nicht unermeßlich, sondern wir sind, bei Gott, verglichen mit dieser Welt winzig klein.*[110] Kepler bittet Herwart, ihm die Beobachtungen von Johannes Werner zu besorgen (wie sich nach einigem Hin und Her herausstellte, irrte sich Kepler im Autor; die von ihm gewünschten Beobachtungen stammten von Regiomontanus und seinem Schüler Bernhard Walther), denn es *könnte mir da kein König etwas Größeres gewähren, als wenn er mir solche Beobachtungen zukommen ließe*[111].

Da Kepler über keine sehr genauen Meßinstrumente verfügte, war er auf das Beobachtungsmaterial anderer angewiesen. Auch aus diesem Grund war sein neugewonnener Kontakt zu Tycho Brahe von entscheidender Bedeutung für ihn, galt Brahe doch als der bestausgestattete, zuverlässigste und erfahrenste Astronom seiner Zeit. Die Verbindung zu Tycho Brahe war jedoch belastet durch einen Streit zwischen Ursus und Brahe, in den Ursus Kepler dadurch hineingezogen hatte, daß er seinen geradezu hymnischen ersten Brief an ihn in seiner Streitschrift gegen Brahe, «De astronomicis hypothetibus» (Prag 1597), ohne Keplers Wissen veröffentlicht hatte. Ursus beanspruchte darin die Urheberschaft des durch Brahe bekanntgewordenen Planetenmodells, wonach die Sonne, die von den Planeten umkreist wird, ihrerseits die Erde umkreist.[112]

Kepler kommt nun nicht umhin, Stellung zu beziehen. Er schreibt an Tycho Brahe, er habe Ursus in jugendlichem Überschwang gelobt, da er nur Gutes von ihm gehört habe. *Ein unbekannter Mann, der ich war, suchte ich nach einem berühmten Mann, der meine eben gelungene Entdeckung lobte. Ich bettelte von ihm eine Gabe, und siehe da, er hat dem Bettler selber eine Gabe entwunden.*[113] Ursus habe seine jugendliche Bewunderung ausgenutzt und ihn durch die Veröffentlichung seines Briefes nicht nur schändlich hintergangen, sondern auch *aufs gröblichste zu verunglimpfen gesucht.* Dieser Vorfall sollte später dazu führen, daß Brahe Kepler auffordert, eine Verteidigungsschrift gegen Ursus zu verfassen.

Keplers Haltung gegenüber Tycho Brahe läßt sich aus diversen Briefstellen erkennen. So schreibt er am 16./26. Februar 1599: *Ich urteile so über Tycho: Er ist überreich, allein er weiß von seinem Reichtum keinen rechten Gebrauch zu machen, wie die meisten Reichen. Man muß sich daher Mühe geben (und ich habe dies für meinen Teil mit der gebührenden Bescheidenheit getan), ihm seine Reichtümer zu entwinden, ihm den Entschluß abzubetteln, seine Beobachtungen vorbehaltslos zu veröffentlichen, und zwar alle.*[114] Dies klingt wie ein Programm. Wie man sehen wird, hält Kepler sich an diesen Vorsatz. Er plant, Tycho Brahe zu besuchen, sobald sich ihm eine kostenlose Mitreisemöglichkeit bietet.

Unterdessen spitzte sich die Lage in Graz weiter zu. *Inzwischen werden die Kirchen, die vor wenigen Jahren erbaut wurden, zerstört. [...] Der Fürst ist entschlossen und hat durch den heiligsten Eid geschworen, überhaupt keinen Diener der Kirche in seinen Ländern zu dulden, auch nicht auf den Schlössern.*

Nachdem die Dinge soweit gekommen sind, unternimmt niemand etwas dagegen, kann es auch nicht. Die Bürger unserer Stadt, die sagen, sie könnten den neuen Eid nicht leisten, und die den alten nicht geleistet haben, werden in die Verbannung getrieben werden; es wird ihnen nicht gestattet, sich zum Adel hinauszubegeben; den 10. Teil der beweglichen und unbeweglichen Habe müssen sie zurücklassen. Ich spähe überall nach einer Gelegenheit aus, wie ich ohne Kosten nach Prag zu Tycho gelangen kann, wo ich vielleicht nach einem Besuch bei ihm Gelegenheit finden werde, mich auf die Wahl eines Wohnorts zu besinnen.[115]

Schließlich, am 11. Januar 1600, bot sich Kepler die Möglichkeit, mit dem Freiherrn Johann Friedrich Hoffmann zu Grünbüchel und Strechau

Tycho Brahe (1546–1601).
Kupferstich von J. de Gheyn, 1586

Kaiser Rudolf II.
Kupferstich von
Aegidius Sadeler, 1609

nach Prag zu reisen. Tycho Brahe war 1599 in die Dienste Kaiser Rudolfs II. getreten. Der Kaiser hatte ihm daraufhin Schloß Benatek bei Prag als Wohnsitz und Forschungszentrum zur Verfügung gestellt. Dort wurde Kepler von Tycho Brahe am 4. Februar 1600 aufs freundlichste empfangen und eingeladen, auf Benatek zu wohnen und mit ihm zusammenzuarbeiten.

Es dauerte jedoch nicht lange, bis sich bei Kepler Enttäuschung breit machte. Nicht nur, daß Brahe sehr mit seinen Beobachtungsdaten geizte, diesen fehlte auch noch weitestgehend die rechnerische Aufbereitung. Kepler mußte einsehen, daß er nicht auf die Schnelle an die für ihn und seine Anliegen – Bestätigung des *Mysterium cosmographicum*, Daten für sein geplantes Buch über die Weltharmonie – wichtigen Beobachtungsmaterialien herankam und wenn doch, daß es ihn Jahre kosten würde, die notwendigen Berechnungen anzustellen. Tycho Brahe seinerseits war in erster Linie daran gelegen, Unterstützung bei der Herausgabe seiner Werke zu erhalten. Das bedeutete vor allem Rechenarbeit. Kepler, unzufrieden mit der Rechenknechtschaft, mit der mageren Ausbeute für sich und mit den häuslichen Verhältnissen (die waren ihm zu umtriebig), wurde zunehmend gereizt. Als er sich eines Tages bei Tisch zurückgesetzt fühlte, kam es zum Eklat. Der um Vermittlung gebetene Freund Brahes, Johannes Jessenius, machte die Sache nur noch schlimmer, so daß Kepler schließlich wütend und verbittert Benatek verließ, nachdem er schriftlich hatte versichern müssen, Brahes Beobachtungsdaten geheimzuhalten.[116]

Erst nach Wochen konnte sich Kepler zu einem Schreiben durchringen, in dem er die Schuld an dem Streit auf sich nahm. Brahe, obwohl seinerseits enttäuscht, nahm Keplers Entschuldigung an.[117] Wahrscheinlich war beiden klar, daß sie einander brauchten. Als Kepler Anfang Juni nach Graz zurückkehrte, war zwar noch so manches unklar, unter anderem stand noch die Zustimmung des Kaisers zu Keplers Anstellung aus, doch die grundsätzlichen Bedingungen einer Zusammenarbeit mit Tycho Brahe waren ausgehandelt. Kepler hoffte, weiterhin seine Stelle als Landschaftsmathematiker (und damit ein verläßliches Grundgehalt) behalten zu können oder aber von Erzherzog Ferdinand als Hofastronom beschäftigt zu werden. Um sich für diese Stelle zu empfehlen, schrieb Kepler Anfang Juli einen Brief an Erzherzog Ferdinand, dem er – zum Zeichen seiner Kunst – eine Abhandlung über die am 10. Juli 1600 bevorstehende Sonnenfinsternis beifügte.[118] Allein, seine Kunstfertigkeit und seine guten Beziehungen zu Brahe nützten ihm nichts. Nur er selbst (und später die Zunft der Physiker) profitierte von seiner Untersuchung der Sonnenfinsternis vom 10. Juli 1600, für die er nach dem Prinzip der Camera obscura eigens eine Beobachtungsvorrichtung konstruiert hatte.

Auch bei den Verordneten der Stände hatte Kepler kein Glück. Sie ließen ihn wissen, sie seien einzig gewillt, ihn noch als Mediziner weiterzubeschäftigen. Um sich die notwendigen Kenntnisse anzueignen, solle er im Herbst nach Italien reisen. Doch gerade jetzt kann sich Kepler nicht von der Astronomie trennen, ist es ihm doch darum zu tun, von Brahe *richtigere Werte für die Exzentrizitäten zu erfahren, um daran mein Mysterium und die […] Harmonie zu prüfen. Denn es dürfen diese Spekulationen a priori nicht gegen die offenkundige Erfahrung verstoßen, sie müssen vielmehr mit ihr in Übereinstimmung gebracht werden.*[119]

Währenddessen überstürzten sich die politischen Ereignisse. Am 27. Juli 1600 wurden alle männlichen Grazer Bürger in die Kirche Zum Heiligen Blut vorgeladen. Dort wurde ihnen eröffnet, daß sie sich am 1. August 1600 zu ihrer Konfession bekennen mußten. Das Nichterscheinen wurde mit einer Buße von 100 Goldgulden, das Bekenntnis zum Protestantismus mit Verbannung innerhalb von 45 Tagen bedroht. Kepler gehörte zu den nicht allzu zahlreichen Bürgern, die sich weiterhin zu ihrer Konfession bekannten. Das bedeutete, daß er innerhalb von 45 Tagen Graz verlassen mußte. Am 9. September wendet er sich ein letztes Mal aus Graz an seinen Lehrer Michael Mästlin. Er teilt ihm mit, daß er Tycho Brahes Aufforderung, in Prag mit ihm zu arbeiten, folgen werde. Seine Familie lasse er in Linz zurück. Kepler, der die Hoffnung, nach Württemberg zurückkehren zu können, noch nicht gänzlich aufgegeben hatte, beschwört Mästlin: *Ihr werdet mir vielleicht eine kleine Professur geben. Denn wahrhaftig, ich bin aus einem, der reich zu werden hoffte, in Wirklichkeit ganz arm geworden.*[120]

Kaiserlicher Mathematiker in Prag

Am 19. Oktober 1600 kam Kepler gesundheitlich schwer angeschlagen in Prag an. Er hatte Wechselfieber (Malaria) und Husten. Entgegen seinen ursprünglichen Plänen hatte er seine Familie gleich nach Prag mitgenommen und lediglich seinen Hausrat in Linz zurückgelassen. Er entschloß sich zu diesem Schritt aus Furcht, es könne ein weiteres Familienmitglied in der Fremde ohne den Beistand der anderen erkranken.[121]

Kepler hatte gezögert, sich für Prag zu entscheiden, solange es noch den Schatten einer Alternative gab. Vergeblich hatte er gehofft, in Linz einen Brief von Mästlin vorzufinden, der ihn nach Württemberg rief. Er befürchtete in Prag ein finanzielles Debakel, wie er Michael Mästlin im Brief vom 9. September 1600 gestand.[122] Gewiß reizten ihn der Hof und die Auswertung von Tycho Brahes Beobachtungsmaterial; dem stand jedoch – abgesehen von der finanziellen Unsicherheit – die Abhängigkeit seiner Stellung und die Ungewißheit seines Fortkommens gegenüber. Seine Bitte an Mästlin, ihm ein ganz kleines Professürchen in Tübingen zu verschaffen, blieb ohne jeden Erfolg. Als er in Prag Mästlins Antwort auf seinen letzten Hilferuf aus Graz in Händen hält, ist er gänzlich niedergeschlagen. Er schreibt am 6./16. Dezember 1600 an Mästlin: *Euren Brief, den Ihr am gleichen Tag, an dem ich nach Prag kam, nämlich am 9./19. Oktober, geschrieben, habe ich am 9. Dezember in Prag erhalten. […] Da mich unterwegs das Wechselfieber befiel, kann ich nicht beschreiben, welchen Paroxysmus von Melancholie Euer Brief bei mir verursachte, da er alle Hoffnung auf Eure Hochschule zunichte machte. Denn hier in Prag habe ich alles unsicher gefunden, auch bezüglich meines Lebens. Ich muß also dableiben, bis ich entweder gesund werde oder sterbe.*[123]

Auf seine Bitte um Trost (er war noch immer krank) und um Antwort vom 8. Februar 1601[124] erhielt er ebensowenig eine Antwort wie auf alle weiteren Briefe, die er in den nächsten vier Jahren an Mästlin schrieb. Die Ursachen für Mästlins Schweigen liegen weitgehend im dunkeln. Im nachhinein brachte Mästlin vor, er habe geschwiegen, weil er Kepler nichts Gleichrangiges entgegenzusetzen gehabt habe. Jedenfalls entfiel für Kepler in dieser für ihn kritischen Phase der heimatliche Rückhalt.

Noch vor seiner Ankunft in Prag schildert Kepler (am 17. 10. 1600)

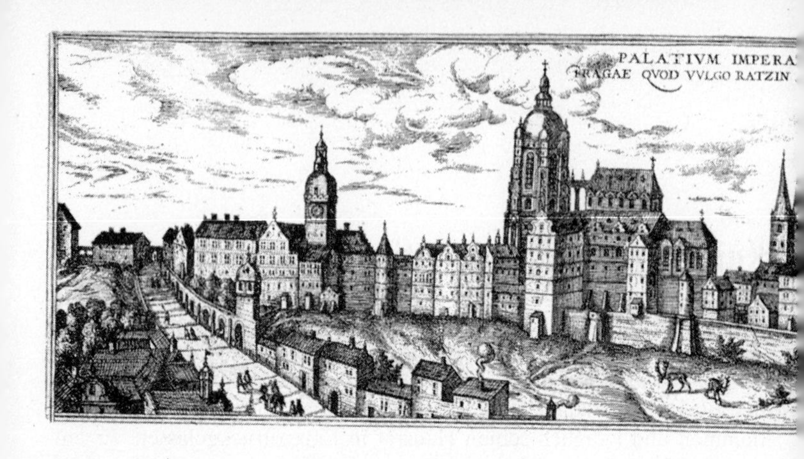

Tycho Brahe, der unterdessen nach Prag übersiedelt war, brieflich seine durch die Ausweisung und den Wegfall des Grazer Gehalts bedrängte Lage. Er bittet Brahe, sich für eine baldige Entscheidung in seiner Sache einzusetzen, andernfalls müsse er sich nach anderen Möglichkeiten, sein Geld zu verdienen, umsehen. Der Umzug habe schon so viel Geld verschlungen, daß er nicht wisse, wie lange er finanziell noch durchhalten werde.[125] Seine angespannte Lage ließ Kepler jedoch wenig Entscheidungsspielraum. So machte er sich trotz andauernden Wechselfiebers und hartnäckigen Hustens bald nach seiner Ankunft an die Aufgabe, die ihm Brahe als erste angewiesen hatte: eine Verteidigungsschrift zu verfassen gegen Reimarus Ursus' Behauptung, er und nicht Tycho Brahe sei der Urheber der geoheliozentrischen Hypothese, wonach die Planeten Merkur, Venus, Mars, Jupiter, Saturn die Sonne umkreisen, die ihrerseits die Erde umkreist. Alle Erklärungen, die Kepler vorgebracht hatte, um sich für seinen lobrednerischen Brief an Ursus, den dieser veröffentlicht hatte, zu entschuldigen, hatten Tycho Brahe von dieser Forderung nicht abzubringen vermocht. Auch das Argument, gegen solche Vorwürfe vorzugehen sei unter Brahes Würde, verfehlte seinen Zweck. So mußte sich Kepler, wenngleich reichlich unwillig, an die Abfassung der *Apologia pro Tychone contra Ursum (Verteidigung Tychos gegen Ursus)* machen, obwohl Ursus unterdessen gestorben war.

Herbst, Winter und Frühjahr brachte Kepler, den noch immer das Wechselfieber plagte, mit der Abfassung der *Apologia* zu. Die Schrift blieb indessen unvollendet und wurde erst 1858 im ersten Band der «Opera omnia» Keplers veröffentlicht. Nicholas Jardine, der die *Apologia* ins Englische übersetzt und kommentiert hat, sieht in ihr die Ge-

Der Hradschin, die Hofburg von Prag. Kupferstich nach Georg Hoefnagel

burtsstunde der Wissenschaftsgeschichte und -theorie und stellt sie in eine Reihe mit René Descartes' «Discours de la Méthode» und Francis Bacons «Novum organon scientiarum», wäre sie denn veröffentlicht worden. Er zeigt anhand von Vergleichen mit entsprechenden zeitgenössischen Texten, daß Kepler in der *Apologia* erstmals das Fortschreiten der Wissenschaft als Ergebnis der Bemühungen aufeinanderfolgender Gelehrtengenerationen beschreibt.

Kepler vermeidet es in der *Apologia* konsequent, Stellung im Urheberrechtsstreit zwischen Tycho und Ursus um das geoheliozentrische Planetenmodell zu beziehen. Statt dessen setzt er sich mit dem seiner Ansicht nach unhaltbaren Hypothesenbegriff von Ursus auseinander. Souverän und schlüssig gelingt es ihm darzulegen, daß Wissenschaft ohne den Begriff der Wahrheit schlechterdings beliebig wird. Ursus hatte behauptet, astronomische Hypothesen könnten ohne jeden Anspruch auf Wahrheit auskommen, solange sie nur eine gute Berechnungsgrundlage lieferten. Alle Theorie sei ohnehin nichts als eine Aneinanderreihung von Abstrusitäten und Irrtümern, deshalb beschränke man sich besser aufs Berechenbare. Kepler hält dem entgegen, es gebe keine Hypothese schlechthin. Nie habe es eine unangefochtene Schulmeinung gegeben. Jeder Astronom vertrete die Hypothese, die ihm am meisten einleuchte, sei es aus Vertrauen zu seinem Lehrer, sei es aus physikalischen oder aus praktischen Gründen.

Auch Ursus' Auslassungen zur Geschichte der Astronomie seien – offenbar aus Unkenntnis der Quellentexte – über weite Strecken unzutreffend oder verdreht. Kepler zeigt sich dabei als recht beschlagen in antiker Astronomie und Philosophie. Er führt aus, daß das geozentrische

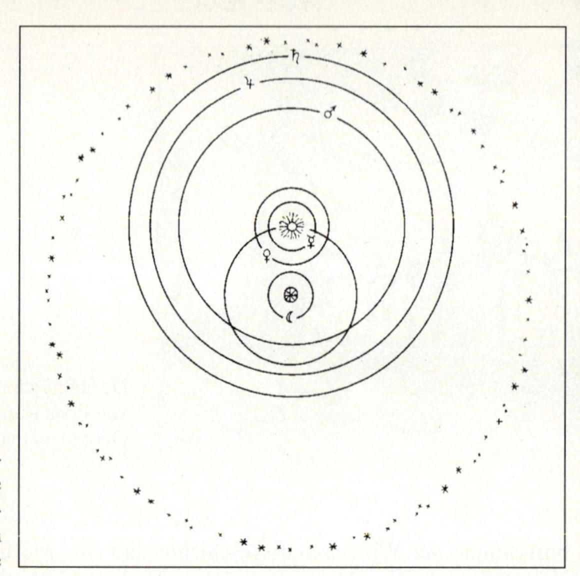

Das geoheliozentrische Planetensystem nach Tycho Brahe

System keineswegs auf Aristarch von Samos zurückgehe – wie von Ursus behauptet –, sondern bereits beträchtlich früher von den Pythagoräern gelehrt worden sei.

Punkt für Punkt zerpflückt Kepler Ursus' Argumentationskette, die auf die Behauptung hinauslief, Tycho Brahes Leistung lasse sich auf die Arbeit früherer Astronomen, insbesondere auf die des Apollonius von Perga, reduzieren. Kepler, der selbst der Ansicht war, Tychos System sei eine Modifikation des kopernikanischen, fiel nun die undankbare Aufgabe zu, Tychos originäre Leistung gegenüber allen möglichen Vorläufern – auch gegenüber Kopernikus – herauszustreichen. So erscheint es nur folgerichtig, daß der Traktat an eben der Stelle abbricht, wo Kepler gegen seine eigene Überzeugung anschreibt.

Gründe für eine Unterbrechung der Arbeit gab es genug: Ungeliebt war sie von vornherein, und Kepler war unzufrieden mit dem Resultat. In seinem Brief an David Fabricius vom 2. Dezember 1602 läßt er durchblicken, daß er, bevor er an eine Veröffentlichung seiner Schrift gegen Ursus denke, zunächst noch weitere Werke über die Geschichte der Hypothesen lesen wolle, da er mit der Arbeit in der vorliegenden Form nicht zufrieden sei.[126] Kepler kannte seine wissenschaftlichen Defizite. In einem späteren Brief entschuldigt er dies wie folgt: *So hat, wer sich durch geistige Beweglichkeit auszeichnet, keine Lust, sich viel mit der Lektüre fremder Werke abzugeben; er will keine Zeit verlieren. Und so geht die*

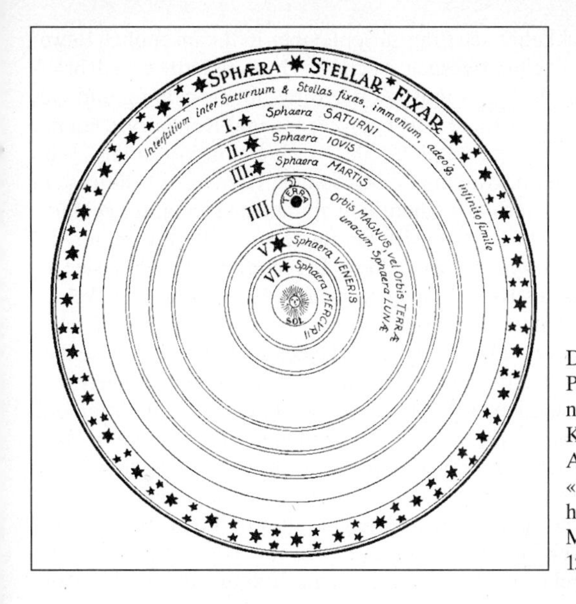

Das heliozentrische Planetensystem nach Nikolaus Kopernikus. Aus: Rheticus' «Narratio prima», herausgegeben von Michael Mästlin, 1596

Philosophie nach vielen Richtungen auseinander. Auf der anderen Seite streben die, die viel lesen, nicht nach neuen und tiefer liegenden Erkenntnissen, sei es, daß sie keine Zeit mehr dazu haben oder von Natur aus geringere, weniger taugliche Anlagen dazu besitzen.[127]

Ein weiterer Grund für den Abbruch der Arbeit an der *Apologia* war Keplers prekäre finanzielle Lage, die ihn dazu zwang, sich anderweitig nach Geldquellen umzusehen. Sein Schwiegervater war Anfang 1601 in Graz gestorben, und Kepler machte sich im April auf den Weg dorthin, um die Erbschaftsangelegenheiten seiner Frau zu regeln. Dank einflußreicher Fürsprecher erhielt er trotz des gegen ihn verhängten Ausweisungsbescheids die Erlaubnis, Graz zu besuchen. Dieser Besuch wurde – auch wenn er von wenig Erfolg in den Erbschaftsangelegenheiten gekrönt war – in gewisser Weise zum Wendepunkt. Kepler erholte sich von seinem Wechselfieber, bekam Abstand von den Prager Sorgen und erstieg schließlich – quasi als krönenden Höhepunkt – den Grazer «Hausberg» Schöckl, um dort Messungen zur Erdkrümmung vorzunehmen.

Diese Bergbesteigung – ein damals übrigens ziemlich ungewöhnliches Unterfangen – begeisterte den Meteorologen und Naturforscher Kepler durch ein einzigartiges Schauspiel: Kepler sah ein Unwetter aufziehen und über Graz niedergehen. Er blickte, über den vorbeirasenden Wolken stehend, auf das Gewitter, das sich unter ihm entlud und das sich kurz darauf ebenso schnell verzog, wie es aufgekommen war.[128]

Nach seiner Rückkehr nach Prag im September 1601 kam endlich Bewegung in Keplers Anstellungsgesuch. Noch von Graz aus hatte er sich brieflich an Kaiser Rudolf II. gewandt mit der Bitte um Bestallung und Gehalt.[129] Der Kaiser beauftragte nun Tycho Brahe und Kepler offiziell mit der Erstellung neuer Planetentafeln, die – nach einem Vorschlag Tycho Brahes – «Rudolfinische Tafeln» heißen sollten. Keplers Verhältnisse in Prag hatten sich also nach fast einem Jahr zumindest formaliter geklärt.

Die *Apologia* lag auf Eis, wie sich herausstellen sollte für immer, die ihm von Tycho Brahe zugewiesenen Mars-Berechnungen stellten sich als schwieriger heraus, als Kepler angenommen hatte, und für eine Weiterarbeit an seiner *Weltharmonie* fand Kepler schon gar keine Zeit. Brahes Instrumente waren unterdessen in der Nähe des kaiserlichen Lustschlosses Belvedere aufgestellt und die astronomischen Beobachtungen wiederaufgenommen worden, wenngleich weniger intensiv als in Uraniborg. Tycho Brahe und auch Kepler hatten Wohnung bezogen in einem Haus am Prager Loretoplatz, das der Kaiser eigens für seine Astronomen erworben hatte. So schien – von finanziellen Unwägbarkeiten abgesehen – alles geregelt, als ein unerwartetes Ereignis eintraf: Tycho Brahe, eben erst 54 Jahre alt, bekam während eines Festes eine Nierenkolik (wie berichtet wird dadurch, daß er sich scheute, eine Toilette aufzusuchen), die schließlich nach einigen Tagen zum Tod führte.

Kurz vor seinem Tod wollte Tycho Brahe Kepler das Versprechen abnehmen, die Planetenbewegungen nach seinem System darzustellen. Doch Kepler konnte ihm – überzeugter Anhänger des kopernikanischen Systems, der er war – dieses Versprechen nicht geben. Tycho Brahe starb am 24. Oktober 1601 und wurde am 4. November mit großem Gepränge bestattet. Kepler verfaßte zu diesem Anlaß eine Elegie auf den verstorbenen Brahe, in der er – de mortuis nil nisi bene – nur dessen beste und liebenswürdigste Eigenschaften hervorhebt und den Verlust beklagt. In seinem Brief an Michael Mästlin vom 10./20. Dezember 1601 spricht er sich offenherziger aus.

Was Tycho geleistet hat, hat er vor dem Jahr '97 geleistet; von da an wandte sich seine Lage zum schlechteren, er wurde von ungeheuerlichen Sorgen hingehalten und begann pueril zu werden. Der unüberlegte Wegzug aus seiner Heimat drückte ihn nieder. Der Hof hier hat ihn vollends zugrunde gerichtet. Er war nicht der Mann, der mit jedermann ohne recht schwere Zustammenstöße hätte leben können, geschweige denn mit so hochgestellten Männern, den selbstbewußten Ratgebern von Königen und Fürsten. Tychos Hauptleistung sind seine Beobachtungen, ebensoviele stattliche Bände, als er Jahre dieser Arbeit vorgestanden hat.[130]

Kepler hat es immer als schicksalhafte Fügung angesehen, daß er auf diese Art und Weise freien Zugang zu Tycho Brahes Beobachtungsmaterial bekam. Er war geistesgegenwärtig genug, die für ihn so wichtigen Unterlagen gleich nach Brahes Tod an sich zu bringen, bevor ihn die Erben etwa daran hindern konnten. Der kaiserliche Auftrag, die Planetentafeln zu erstellen, gab ihm ebenso die Legitimation zu diesem Schritt wie das Bewußtsein, daß weder Franz Tengnagel (Brahes Assistent und Schwiegersohn) noch sonst einer der Erben Brahes dessen Beobachtungsdaten mit so viel Gewinn würde gebrauchen können wie er. Freilich hatte diese «Bemächtigung» langwierige und immer wieder aufflammende Auseinandersetzungen mit den Erben um die Nutzungs- und Publikationsrechte von Brahes Beobachtungsdaten zur Folge.

Zwei Tage nach Brahes Tod überbrachte der Hofrat und Geheimsekretär Rudolfs II., Johannes Barwitz (Barvitius), Kepler die Nachricht, der Kaiser beauftrage ihn mit der Sorge für die Instrumente und unvollendeten Arbeiten Tycho Brahes und ernenne ihn zum Kaiserlichen Mathematiker. Kepler möge einen Gehaltsvorschlag einreichen. So war Kepler – fast genau ein Jahr nach seiner Ankunft in Prag – zu einer nicht nur ehrenvollen, sondern auch ökonomisch und wissenschaftlich selbständigen Stellung gekommen. Er besaß nun, was er sich so sehr gewünscht hatte: freien Zugang zu Tycho Brahes Beobachtungsschatz. Kepler vergaß nie, auf die Verdienste seines Vorgängers hinzuweisen. Er war sich stets bewußt, daß er sich ohne Brahes Vorarbeit schwerlich hätte daran machen können, wissenschaftlich haltbare Belege für das kopernikanische System zu erbringen. Um diesem Ziel näherzukommen, setzte Kepler die ihm von Brahe übertragene Berechnung der Marsbahn fort.

Gleichzeitig verfaßte er im Herbst 1601 eine kleine Schrift *De fundamentis astrologiae certioribus (Über die gesicherteren Grundlagen der Astrologie)*, die er den Philosophen im allgemeinen und dem böhmischen Grafen Peter Wok Orsini von Rosenberg, einem einflußreichen Fürsten und Förderer von Wissenschaft und Kunst, im besonderen widmete. Kepler setzt sich darin kritisch mit astrologischen Traditionen auseinander, verweist auf offene Fragen, sucht nach physikalischen Erklärungen für den Einfluß der Planeten auf Erde und Menschen, entwickelt die Grundzüge einer geometrischen Aspektenlehre (die er in seiner *Weltharmonie* weiter ausführen wird), verwirft ungesicherte astrologische Praktiken wie allgemeine Jahresvoraussagen aus Planetenkonstellationen zur Zeit des Frühjahrspunktes, um schließlich auf seine vorsichtige Art einige Prognosen aufs Jahr 1602 zu wagen.

Kepler führte sich mit dieser Schrift gewissermaßen in die gelehrten Hofkreise in Prag ein. Kaiser Rudolf II., selbst mehr an Wissenschaft und Kunst interessiert als am politischen Tagesgeschäft, hatte nicht nur eine bedeutende Bibliothek zusammengetragen und eine Kunst- und Kuriositätensammlung aufgebaut, sondern auch zahlreiche hervorragende Wissenschaftler und Künstler an seinen Hof gezogen. Entsprechend seiner Vorliebe für die Pansophie interessierte er sich – neben Kunst und Literatur – vor allem für Alchimie und Astrologie, die die Verbindung von Mikro- und Makrokosmos zu erhellen verhießen. Die Emblematik, das Verschlüsseln von Gedanken zu Sinnbildern, blühte ebenso wie das Enträtseln der «signaturae rerum» («Zeichen der Dinge»). In dem Ziel, das Geheimnis des göttlichen Schöpfungsplans im Kleinsten wie im Größten zu entziffern, um so die «fabrica mundana», die Weltenwerkstatt Gottes, begreifen zu können, trafen sich Ärzte, Alchimisten, Historiker, Staatsrechtler, Astronomen, Astrologen, Mineralogen, Mathematiker, Philosophen und Literaten.

So gut und sicher Keplers Stellung nun schien, so ungewiß war doch weiterhin die Auszahlung seines Gehaltes. Kepler, der es dem Kaiser überlassen hatte, sein Gehalt zu bestimmen, hatte größte Mühe, die ihm zugestandenen 500 Gulden Jahresgehalt einzutreiben. Er berichtet an Longomontanus:

Glaubet mir, daß ich [Anfang 1601] zwei volle Monate mit Antichambrieren in der Hofburg verbracht habe.[131] Im selben Brief schreibt Kepler, er habe sich zwischen September 1601 und Juli 1602 um Kinder bemüht und ein sehr schönes Töchterchen geschaffen. Seine Tochter Susanna kam am 7. Juli 1602 in Prag zur Welt. Um die häuslichen Verhältnisse war es wohl nicht zum besten bestellt. Die immer wieder engen finanziellen Verhältnisse taten das ihre, Spannungen aufkommen zu lassen. Wann immer das Geld knapp wurde, weigerte sich Barbara Kepler beharrlich, ihr ererbtes Vermögen anzutasten oder gar ein Stück ihrer Aussteuer zu veräußern. Nur durch das Zusammenhalten ihrer Habe sah sie sich vor dem Bettelstab gefeit.

In seiner wissenschaftlichen Arbeit hatte sich Kepler seit der Vorbereitung seiner Beobachtung der Sonnenfinsternis vom Juli 1600 eingehend mit optischen Fragen beschäftigt. Die Vorrichtung, die er in Graz zur Beobachtung der Sonnenfinsternis konstruiert und aufgestellt hatte, war eine Weiterentwicklung der Camera obscura. Ursprünglich hatte Kepler nur über seine Grazer Beobachtungen berichten wollen. Er hatte auch schon einen Text verfaßt, der aber im Trubel des Umzugs nach Prag schließlich ungedruckt blieb. Kepler hatte darin erklärt, warum der Mond bei seinem Durchgang durch die Sonne kleiner erscheint als in Opposition zur Sonne – ein Rätsel, das Generationen von Astronomen vor ihm nicht zu lösen vermocht hatten. Schon bald erweiterte Kepler diesen ersten Erklärungsansatz zum Entwurf einer umfänglicheren Schrift, der er den Arbeitstitel *Hipparchus seu de magnetudinibus solis et lunae* gab (*Hipparch oder über die Größen von Sonne und Mond.* Hipparch hatte ein Buch über denselben Gegenstand geschrieben, das aber verschollen war.) Viele der Fragen, die Kepler später in der Optik behandelte, tauchten hier bereits auf. Auch diese Schrift blieb ungedruckt liegen.

Im Rahmen seiner Mars-Untersuchungen drängte sich Kepler das Problem der verzerrten Beobachterperspektive erneut auf, so daß er beschloß, diese Arbeit zu unterbrechen, um einige offene optische Fragen zu klären. Er hoffte, dadurch die Marsbahn später möglichst fehlerlos bestimmen zu können. Kepler orientierte sich bei der Abfassung seiner *Ad Vitellionem paralipomena quibus astronomiae pars optica traditur (Anmerkungen zu Witelo, in denen der optische Teil der Astronomie übermittelt wird)* an dem damals gängigen Lehrbuch «Perspektiva» des Witelo, das – um 1270 verfaßt – im 16. Jahrhundert immer wieder neu aufgelegt worden war. Zu klären galt es vor allen Dingen die Frage der Lichtbrechung.

Anknüpfend an die von Witelo überlieferten optischen Erkenntnisse stellt sich Kepler zunächst die Fragen: Was ist Licht; wie bildet es sich ab; wie breitet es sich aus? Wie in den meisten seiner Werke bietet Kepler eine Zusammenschau unterschiedlichster Fachrichtungen – in diesem Falle verbindet er philosophische, geometrische, optische, physiologische und physikalische Theorieansätze – und läßt den Leser teilnehmen an seinen Fehlschlägen bei der Suche nach der richtigen Lösung.

In neuplatonischer Tradition stehend, begreift Kepler im ersten Kapitel *(De natura lucis – Über die Natur des Lichts)* Licht als Emanation göttlicher Kraft, die die körperliche mit der geistigen Realität verbindet. Die sphärische Ausbreitung des Lichts ist ihm Sinnbild des dreieinigen Gottes. *So schuf Er die Quantitäten und – diese in gerade und gekrümmte unterscheidend – die hervorragendsten aller Figuren – die Sphären. Denn in diesem Schaffensprozeß spielte der allwissende Schöpfer mit dem Bild seiner anbetungswürdigen Dreieinigkeit. Deshalb ist das Zentrum der Ursprung der Sphäre, auf deren Oberfläche sich Abbilder des Zentrums finden, jedes die Emanation des Zentrums, alle gleich ursprünglich, alle sich entsprechend. [...] Und wenn diese drei Dinge – das Zentrum, die Sphäre, die Strahlen dazwischen – alles sind, sind sie doch auch so sehr eins, daß man sich nicht eines wegdenken kann, ohne das Ganze zu zerstören.*[132]

In 38 Propositionen (Thesen oder Vorschlägen) legt Kepler eingangs (Kapitel 1) seine optischen Grundsätze nieder, auf die er seine weitere Untersuchung aufbaut. Einige seien hier kurz paraphrasiert:
– Ein Lichtpunkt strahlt unendlich viele Radien in unendliche Fernen ab.
– Licht breitet sich nicht in der Zeit, sondern im Augenblick aus.
– Licht wird von den Oberflächen jedweder Körper angezogen.
– Farbe ist Licht *in potentia* (als Möglichkeit).
– Licht ist geometrischen Gesetzen unterworfen.
– Licht wird im selben Winkel zurückgeworfen, in dem es einfällt.

Der metaphysische Gehalt einiger dieser Thesen ist unschwer zu erkennen, zumal aus großem zeitlichem Abstand. Aus heutiger Sicht mögen sie erscheinen als Mischung aus vorwissenschaftlichem Glauben und unerschütterlicher Wahrheit, doch diese Sichtweise setzt bereits den damals sich erst ausbildenden Begriff von ‹objektiver› Naturwissenschaft voraus. Immerhin zeichnet es Kepler aus, daß er seine Voraussetzungen offen darlegt und damit auch zur Disposition stellt.

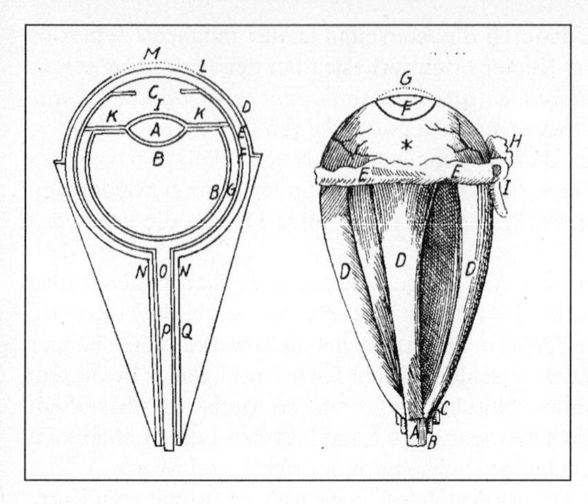

Die Funktionsweise des Auges. Aus Keplers «Ad Vitellionem paralipomena»

Die Kapitelfolge von Keplers *Paralipomena* entspricht im wesentlichen dem Gang seiner Untersuchungen: Der Auseinandersetzung mit Witelos «Perspectiva», mit der Camera obscura, mit Lichtspiegelungs- und -brechungserscheinungen, mit den Kegelschnitten, mit dem Auge als «optischem Instrument», schließlich mit dem Einfluß all dessen auf astronomische Beobachtungen. Auch wenn es Kepler nicht gelungen ist, das Brechungsgesetz zu finden (nicht zuletzt deshalb, weil er sich auf die von Witelo übermittelten falschen Brechungswinkel des Ptolemaios verließ) erarbeitete er doch recht gute Näherungswerte. Bahnbrechend jedoch war Keplers Arbeit über die Funktionsweise des Auges. Aufgrund seiner herausragenden geometrischen Kenntnisse und guter Zusammenarbeit mit verschiedenen Medizinern konnte Kepler erstmals schlüssig zeigen, daß die Strahlen, die das Auge treffen, ein kleines, seitenverkehrt auf dem Kopf stehendes Bild auf der Netzhaut erzeugen. Bis dato hatten sich alle Wissenschaftler geweigert, die Möglichkeit eines auf dem Kopf stehenden Bildes im Augeninneren ernsthaft in Erwägung zu ziehen; lieber erfanden sie alle möglichen theoretischen Aus- und Umwege. Mit Hilfe seiner neuen Theorie des Sehens konnte Kepler erstmals die Ursache von Sehfehlern und die Wirkungsweise von Brillen korrekt erklären. Darüber hinaus lieferte diese Theorie Richtlinien für möglichst korrekte astronomische Meßverfahren.

Der zweite Teil der *Paralipomena* (Kapitel 6–11) beschäftigt sich im engeren Sinne mit der astronomischen Optik. Kepler untersucht das Licht der Gestirne (wobei er den Planeten irrtümlich eine eigene Strahlung unterstellt), den Erd- und Mondschatten, die Parallaxen der Planeten (Fixsternparallaxen ließen sich mit den damaligen Mitteln noch nicht beobachten), die optischen Grundlagen der Sternbewegungen, um schließlich auf sein altes Thema zu kommen, die Beobachtung von Durchmesserabweichungen bei Sonne und Mond zur Zeit von Sonnenfinsternissen.

Die Arbeit an den *Paralipomena* hatte nicht nur einige wenige Monate in Anspruch genommen, wie Kepler ursprünglich erwartet hatte, sondern zog sich – mit Unterbrechungen – wegen immer neu auftauchender Schwierigkeiten hin.[133] Im Mai 1603 schreibt Kepler an Herwart von Hohenburg: *Ich habe die dornenvolle Optik vorgenommen; [...] Guter Gott, wie dunkel ist die Sache!*[134]

Im Herbst 1603 hatte Kepler schließlich im großen und ganzen das Manuskript fertiggestellt. Nun hatte er es eilig mit der Veröffentlichung seiner *Paralipomena*: Das Buch sollte zur Buchmesse 1604 auf den Markt kommen, denn im Herbst 1605 stand eine Sonnenfinsternis bevor, und Kepler hoffte, durch sein Buch möglichst viele Gelehrte dazu bewegen zu können, ihre Beobachtungen auf der Basis seiner Erkenntnisse durchzuführen. Kepler widmete die *Paralipomena*, seine erste größere in Prag verfaßte Schrift, Kaiser Rudolf II. In der Zueignung schreibt er:

Da die Astronomie den Gebrauch der Sinne wie der Instrumente fordert, die geometrische Optik es auch an Sicherheit nicht fehlen läßt, wäre es nach meiner Meinung der Optik unwürdig, wenn sie sich von jener Wissenschaft übertreffen ließe und wenn man auf dem Gebiet der Optik das nicht durch Beweise sicherstellen könnte, was auf astronomischem Gebiet die Augen erfaßt haben [...]. Ich hielt es daher für keine geringe Ehrentat, wenn es mir gelänge, die verwickelten Aufgaben, die zur Behandlung standen, mit gesunder Methode und in einleuchtenden Darlegungen zu lösen und die Wissenschaft der Optik so zu verfeinern, daß sie den Astronomen befriedigen kann.[135]

Diese Widmung brachte Kepler eine (dringend benötigte) Verehrung von 100 Talern ein. Das so ersehnte Echo aus der Fachwelt blieb jedoch weit hinter Keplers Erwartungen zurück: Die meisten Wissenschaftler – von Mästlin, der sich endlich wieder meldete, bis Papius – verhielten sich reserviert. Zwar gab es auch Lob und Anerkennung, doch nicht sehr viel und nicht von den Personen, auf die es Kepler ankam. Allein mit dem Kaufbeurener Arzt Johann Georg Brengger ergab sich ein reger kritischer Gedankenaustausch. Zwei Jahre später begann Kepler durch Vermittlung des früheren Brahe-Assistenten Johannes Eriksen einen Briefwechsel mit dem englischen Mathematiker und Naturforscher Thomas Harriot über optische Fragen. Harriot hatte eigene Experimente zum Verhältnis von Materialdichte und Lichtbrechung durchgeführt und für die Lichtbrechung im Wasser völlig andere Werte gemessen als die, die Witelo angab. Da Harriot jedoch nur widerwillig seine Meßergebnisse weitergab, schlief der Briefwechsel zwischen ihm und Kepler bald wieder ein.

Keplers Versuch einer Perspektivenbereinigung, die auf optischer,

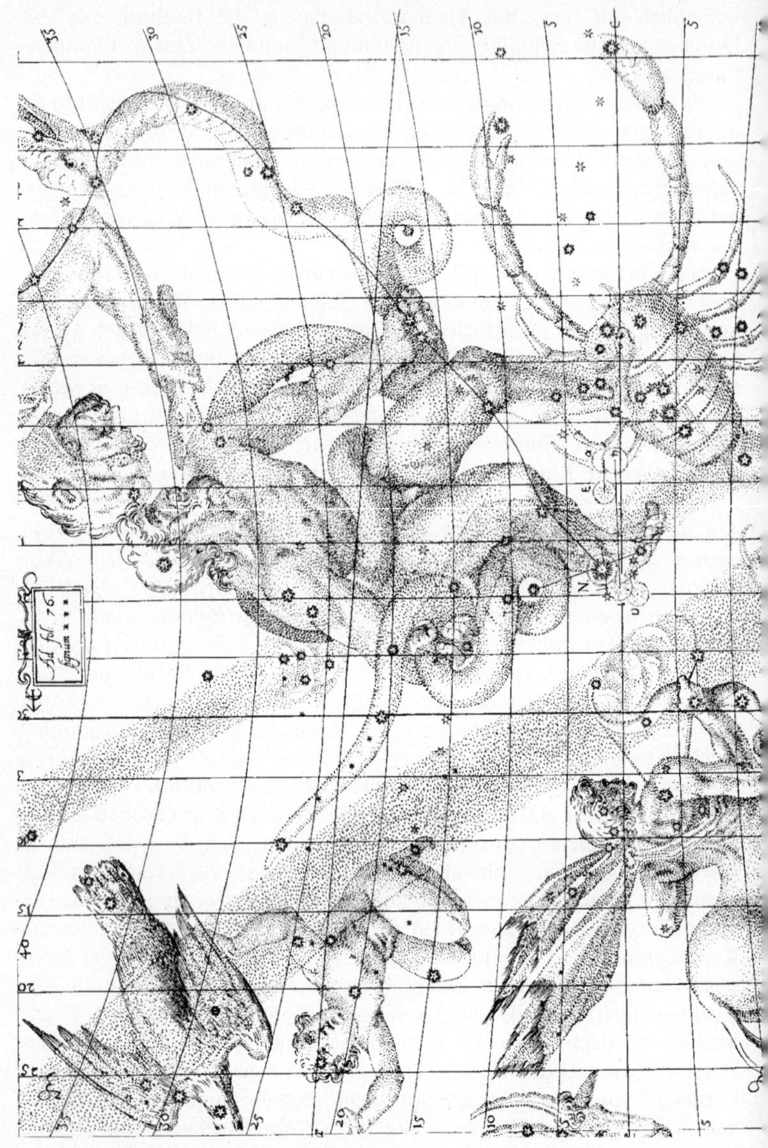

Darstellung aus Keplers «De stella nova in pede serpentarii» («Über den neuen Stern im Fuß des Schlangenträgers»), 1606

physiologischer und physikalischer Ebene das versuchte, was Francis Bacon (der im übrigen nichts von Kopernikus' Theorie hielt) einige Jahre später auf philosophischer Ebene mit seiner Idolenlehre («Novum organum scientiarum», 1620) zu leisten unternahm, blieb also zunächst relativ folgenlos. Für ihn selbst jedoch waren die *Paralipomena* eine wichtige Vorarbeit für das, was er später seinen *Kampf mit Mars* nennen sollte. Die Arbeit an den Mars-Kommentaren, die 1609 unter dem Titel *Astronomia nova αιτιολογητοζ seu physica coelestis, tradita commentariis de motibus stellis Martis (Neue begründende Astronomie oder Himmelsphysik, in der die Kommentare zu den Bewegungen des Mars übermittelt werden)* erscheinen sollten, bedeutete für Kepler – verglichen mit der Arbeit an den *Paralipomena* – ein noch ungleich schwierigeres und an Um- und Abwegen reicheres Suchen nach der richtigen Lösung.

Doch bevor die Arbeit an den Mars-Kommentaren eingehender geschildert wird, sei an eine kleine Schrift erinnert, die Kepler aus aktuellem Anlaß verfaßte: Sein *Gründlicher Bericht von einem ungewöhnlichen newen Stern/Welcher im Oktober diß 1604. Jahres erstmahlen erschienen* kam Ende 1604 in Prag heraus und war eine der wenigen Schriften, die Kepler auf deutsch verfaßte (Kepler reichte 1606 eine erweiterte, wissenschaftlichen Ansprüchen genügende lateinische Version *De stella nova in pede serpentarii* nach). Kepler reagierte damit auf die Erscheinung eines neuen Sterns (nach heutiger Einsicht handelte es sich um eine Supernova)[136] im Fuß des Schlangenträgers. Bemerkenswert an dieser Erscheinung war nicht nur ihre ungewöhnliche Leuchtkraft, sondern auch ihre Konstellation mit der Konjunktion der Planeten Mars, Jupiter und Saturn, im sogenannten feurigen Dreieck (Widder, Löwe, Schütze), die Anlaß gab zu allerhand astrologischen Spekulationen; diesen mit Besonnenheit zu begegnen war ein wesentlicher Grund für die Abfassung des *Gründlichen Berichts*, wußte Kepler doch, wie leichtgläubig Rudolf II. und viele seiner Zeitgenossen in astrologischen Dingen waren. Kepler schreibt zu dem neuen Stern:

Was nun sein bedeutung sein werde / ist schwerlich zu ergründen / und diß allein gewiß / daß er entweder uns Menschen gar nichts / oder aber solche hohe wichtige dinge zu bedeuten habe / die aller Menschen sinn und vernunfft übertreffen. Dann weil er so hoch über alle Planeten gestanden [...] vermag man demnach aus der Astrologorum gemeinen lehr und dieser grossen coniunctione Saturni, Iovis & Martis nichts auff die entzündung dieses Sterns / oder seine substantz erzwingen.[137]

Kepler rät jedem, der sich an der Deutung der Erscheinung versuchen wolle, zuvor den Abschnitt über den neuen Stern von 1572 in Tycho Brahes «Progymnasmata» durchzulesen; ansonsten bestehe die Gefahr, daß die Spekulationen allzu wild ins Kraut schießen nach dem Motto, die Vereinigung von Jupiter und Mars habe den neuen Stern ‹angezündet›. So viel allein sei gewiß, daß der neue Stern die Phantasie der Menschen und Gelehrten entzünde und von daher für die Buchdrucker ziemlichen Gewinn bedeute, denn *wie diß ohne grosse Kunst leichtlich zu errathen / also kan es eben so leicht und auff gleiche weise beschehen: daß der gemeine Pöffel oder wer sonsten etwa bald gleubig / es sey nun jetzo gleich ein sinnverruckter Mensch / der sich selber zu einem grossen Propheten mache / oder auch ein mechtiger Herr / der zu grössern digniteten ein gut Fundament unnd Anfang habe / durch erscheinung diß Sternens entweder auffgemuntert werden / etwas newes anzufahen / gleich als hett ihnen Gott der Herr diesen Stern / als ein Liecht im Finstern angezündet / jnen darzu zu leuchten: oder aber auch da sie zuvor etwas wagliches bey sich heimlich beschlossen gehabt / jetzo davon abgeschrecket werden / vermeinende / dieser Stern bedeute ein besonder unglück / darein auch sie durch solches ihr verwegen Fürhaben gerathen möchten. […] Die rechte eigentliche bedeutung aber wird uns die zeit lehren […].*[138]

Nicht daß Kepler alle Sterndeuterei verworfen hätte, dazu war er viel zu sehr von der Entsprechung von Mikro- und Makrokosmos überzeugt. Doch war sich Kepler bewußt, daß Prognosen bisweilen selbsterfüllend auf menschliches Handeln einwirken. Deshalb plädierte er für einen kritischen und vorsichtigen Umgang mit astrologischen Deutungsverfahren. Was er sich darunter vorstellte, hat er 1610 in seiner Schrift *Tertius interveniens (Der dritte Vermittelnde)* dargestellt.

Keplers wiederaufgenommene Arbeit an den Mars-Kommentaren zog sich hin. Seine Suche nach einer korrekten Darstellung der Marsbahn geriet ihm zu einem wahren Hindernislauf; dies um so mehr, als er nicht nur nach einer Beschreibung der Marsbahn, sondern erstmals nach einer physikalischen Erklärung der Planetenbewegung suchte. Die Physik galt bis dato als der irdischen Sphäre vorbehaltene Wissenschaft, die mit der Astronomie nichts zu tun hatte. Die Astronomie ihrerseits operierte mit geometrischen Mitteln einerseits und metaphysischen Grundsätzen andererseits – wie etwa der Annahme, himmlische Körper bewegten sich auf kreisförmigen Bahnen, da nur der Kreis eine vollkommene, in sich geschlossene Bewegung erlaube. Die Beobachtungsdaten hatten schon längst signalisiert, daß die Planetenbewegung nicht vollkommen kreisförmig sein konnte. Die Astronomen hatten jedoch ihre Zuflucht zu allerhand Hilfskonstruktionen genommen, wie etwa der Annahme, die Planeten kreisten nicht um die Erde oder die Sonne, sondern um einen etwas verschobenen Mittelpunkt.

Kepler stellte sich nun zwei Fragen: Könnte es nicht sein, daß auch die Bahn der Erde exzentrisch und ihre Bewegungsgeschwindigkeit so ungleichmäßig ist wie die der anderen Planeten? Und: Warum sollte nicht die Sonne selbst im Mittelpunkt des Planetensystems stehen, war sie doch, soweit man wußte, Sitz der Kraft, die die Planeten in Bewegung setzt? Ihm war klar, auch dank der Arbeit William Gilberts über den Magnetismus («De magnete», London 1600), der ersten damals bekannten fernwirkenden Kraft, daß die Bewegungsgeschwindigkeit der Planeten mit ihrer Distanz zur Sonne zu tun haben mußte. Kepler stellte sich vor, daß die Sonne auf der Ebene ihres Äquators eine magnetische Kraft ausstrahlt, die (gleich dem Licht) mit dem Quadrat der Entfernung abnimmt und die Planeten auf ihrer Bahn quasi herumreißt. Zugleich wußte er, daß dies nur eine erste ungefähre Annäherung sein konnte. Er schreibt am 5. März 1605 an Michael Mästlin: *Der Sonnenkörper ist rings im Kreis herum magnetisch und rotiert an seinem Ort, wobei er den Kreis seiner Kraft mit herumbewegt. Diese Kraft zieht die Planeten nicht an, sondern besorgt ihre Weiterbewegung. Die Planetenkörper dagegen sind an sich zur Ruhe geneigt an jedem Ort, an den sie gesetzt werden. Damit sie daher von der Sonne bewegt werden, ist eine Kraftanstrengung notwendig. So geschieht es, daß die weiter entfernten von der Sonne langsamer, die näheren schneller angetrieben werden [...].*[139] Kepler lokalisiert die magnetische Kraft also auf der solaren Äquatoriallinie. Er hatte auch eine recht gute Vorstellung von Massenanziehung, die ihn zum Beispiel die Gezeiten der Meere durch die Mondstellung erklären ließ, doch war ihm sehr wohl bewußt, daß das Problem der Schwere noch nicht befriedigend gelöst war.[140]

Keplers erster wichtiger Schritt auf dem Weg zu einer allgemeinen Theorie der Planetenbewegung war es, die wirkliche Sonne (nicht eine sogenannte mittlere Sonne, von der Kopernikus und Brahe ausgingen) als Mittelpunkt der Planetenbewegung nachzuweisen (Giora Hon nennt dies Keplers «nulltes Gesetz»[141]) und auf diese Weise die Planeten in einen dynamischen Funktionszusammenhang mit der Sonne zu stellen.[142] Damit dehnte Kepler die Physik quasi in den Weltraum aus, der dadurch ebenso profaniert wurde wie die Erde indirekt zum Himmelskörper avancierte.

Die Art, wie Kepler seine *Astronomia nova* präsentierte, war ebenso ungewöhnlich wie ihr Inhalt. Kepler läßt den Leser an all seinen Wegen und Irrwegen teilnehmen, als schriebe er ein Tagebuch sich wandelnder Einsichten. Er schreibt zur Einführung: *Da ich viel Neues mitteile, will ich zeigen, daß ich hierbei einem Zwang folge, und mir den Beifall des Lesers gewinnen und erhalten und den Verdacht beseitigen, es sei mir nur um Neuerungen zu tun.* Er bediene sich dazu der Methode, den Werdegang seiner Entdeckungen zu schildern. *Dabei handelt es sich nicht allein darum, wie der Leser auf die einfachste Weise in die Kenntnis des vorzutragenden Stoffes eingeführt wird, sondern hauptsächlich darum, durch welche Gründe, Schliche und auch günstige Zufälle ich, der Urheber, von Anfang an darauf gekommen bin. Wenn Christoph Columbus, Magelhaens, die Portugiesen, von denen der erste Amerika, der zweite den Chinesischen Ozean und diese den Weg um Afrika entdeckt haben, von ihren Irrfahrten erzählen, so verzeihen wir ihnen nicht nur, sondern wir möchten ihre Erzählungen nicht einmal missen, weil uns sonst die ganze große Un-*

terhaltung beim Lesen entginge. Daher wird man es auch mir nicht als Fehler anrechnen, wenn ich das gleiche aus gleicher Zuneigung zum Leser mit meinem Werk befolgt habe. Freilich nehmen wir an den Beschwerden der Argonautenfahrten beim Lesen keinerlei Anteil, während die Hindernisse und Dornen auf meinen Gedankenpfaden auch der Leser zu spüren bekommt.[143]

Aus diesem Vergleich mit Kolumbus wird deutlich, daß sich Kepler sehr wohl der Tragweite seines Aufbruchs bewußt war. Die Begründung einer ‹Himmelsphysik› war damals um so nötiger geworden, als klar war, daß die Planeten nicht auf Kristallsphären fixiert ihre Runden drehten. Tycho Brahe hatte mit seiner Untersuchung des Kometen von anno 1577 (den Kepler als Kind in Leonberg sah) nachweisen können, daß dessen Bahn die vermeintlich kristallinen Sphären durchquerte.

Keplers Untersuchung hebt nun an mit der Unterscheidung zwischen der ersten und zweiten sogenannten Ungleichheit der Marsbahn. Es gelingt Kepler zu zeigen, daß die erste Ungleichheit auf die exzentrische, ungleichmäßige Bewegung des Planeten, die zweite auf die Bewegung der Erde zurückgeführt werden kann, daß sich aber beide Bewegungen scheinbar überlagern. Das heißt, zur Bestimmung einer Planetenbahn ist die genaue Kenntnis der Erdbahn unabdingbar. So berechnet Kepler zunächst die Neigung der Marsbahn im Verhältnis zur Erdbahn und kommt auf einen Neigungswinkel von 1° 50'. Damit kann Kepler Kopernikus' Hilfskonstruktion des Oszillierens der Marsbahn ausräumen.

Kepler überprüft nun mit der wirklichen, nicht der sogenannten mittleren Sonnenposition die Systeme von Ptolemaios, Kopernikus und Brahe anhand von Brahes Beobachtungsdaten. Auf diese Weise versucht er, auch voreingenommene Leser durch die Akkuratesse und scheinbare Unparteilichkeit seiner Untersuchung für die heliozentrische Theorie zu gewinnen. Kepler berechnet die Erdbahn, als beobachte er sie vom Mars. Er setzt diesen geradezu genialen Perspektivenwechsel dadurch ins Werk, daß er drei Mars-Beobachtungen von Tycho auswählt (und eine weitere zur Überprüfung selbst gewinnt), zwischen denen jeweils ein Marsjahr (687 Tage) liegt. Von dem dergestalt immobilisierten Mars kann Kepler aus den jeweiligen Erdpositionen die Erdbahn errechnen und zeigen, daß auch die Erdbahn exzentrisch ist und sich die Erde mit ungleicher Geschwindigkeit bewegt: Am schnellsten in größter Sonnennähe (Perihel), am langsamsten in größter Sonnenferne (Aphel).[144]

Schritt für Schritt, wenn auch keineswegs geradlinig, nähert sich Kepler der Einsicht, daß die Marsbahn oval sein müsse. Zu diesem Schluß zwangen ihn unbefriedigende Rechenergebnisse, die er auf der Basis der Hypothese, die Marsbahn sei kreisförmig, gewonnen hatte. Allein schon der Abschied von der Kreisform der Planetenbahn gleicht einem Durchbruch, war doch der Kreis seit Jahrtausenden unangefochtenes Sinnbild

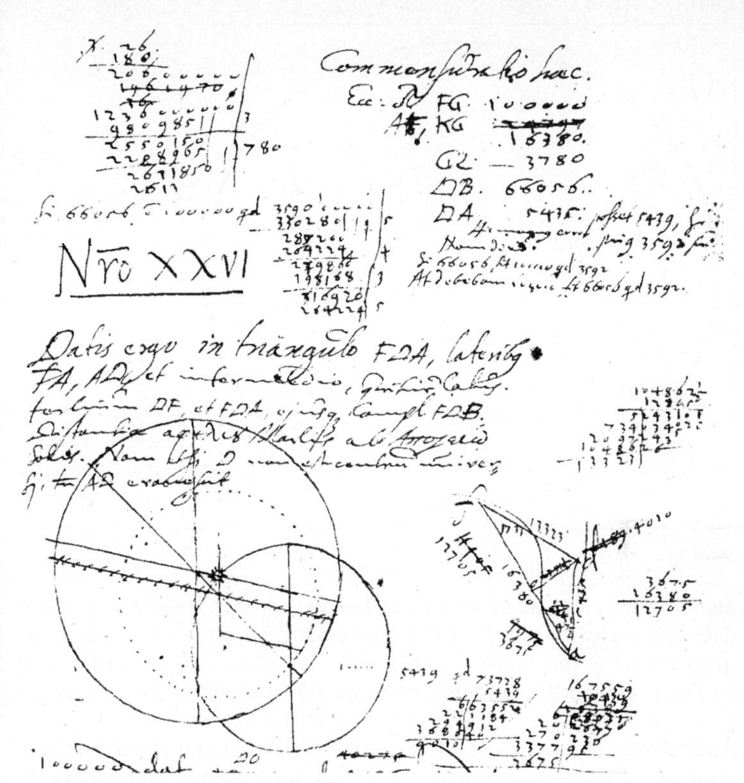

Ausschnitt aus der ersten Seite von Keplers Mars-Arbeitsbuch, das er Anfang 1600 zu führen begann. Die Skizze zeigt die Aphel-Perihel-Achse des Mars, einmal durch die wirkliche, einmal durch die mittlere Sonne (im Zentrum des gepunkteten Kreises, der die Erdbahn markiert) gezogen

der Vollkommenheit schlechthin, die allein der Bewegung himmlischer Körper angemessen schien.

Am 7. Februar 1604 berichtet Kepler an David Fabricius: *Ich fahre fort in der Berechnung der Abstände [des Mars von der Sonne]. Wenn ich viele solche Abstände auf dem ganzen Umfang der Bahn berechnet haben werde, wird sich leicht ergeben, […] wie groß die Exzentrizität ist und ob die Bahn eine ovale Form besitzt. Dann wird eine Hypothese ausfindig zu machen sein, die alle diese Abstände darstellt. Diese Hypothese muß, wie Ihr richtig bemerkt, so beschaffen sein, daß die Möglichkeit besteht, aus ihr auch die exzentrischen Örter zu gewinnen.*[145] Das ganze Jahr 1604 war Kepler damit beschäftigt, seine Oval-Hypothese zu überprüfen (oval ist

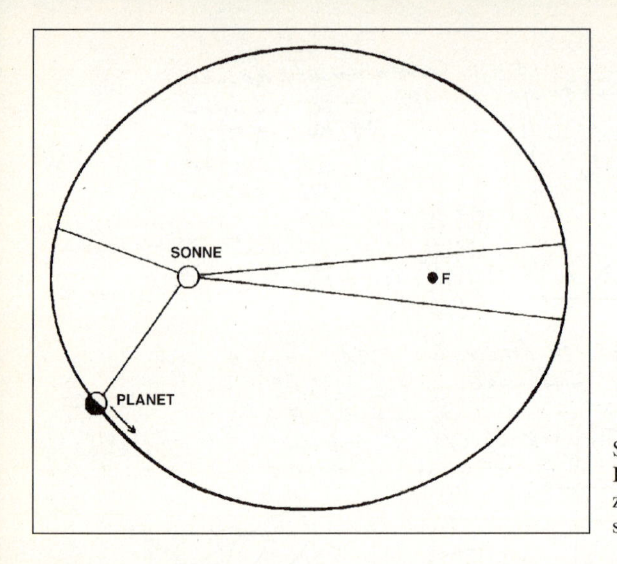

Schematische Darstellung des zweiten Keplerschen Gesetzes

hier wörtlich zu nehmen: eiförmig). Er ging von der Voraussetzung aus, daß die Geschwindigkeit der Planeten umgekehrt proportional zur Sonnendistanz sei, das heißt, die Geschwindigkeit der Planeten ist um so größer, je kleiner der Abstand zur Sonne und umgekehrt. Daraus schloß Kepler, daß die Zeit, die ein Planet benötigt, um einen kleinen Bogen zu beschreiben, um so größer ist, je weiter der Planet von der Sonne entfernt ist. Um die Marsbahn zu berechnen, teilte Kepler nun die Hälfte der Bahn in 180 Teile von je 1° ein, errechnete die jeweiligen Sonnendistanzen, addierte sie und setzte sie ins Verhältnis zur Summe der jeweils benötigten Zeiten. Es ist im Zeitalter der Elektronenrechner schwer nachzuvollziehen, welch enormen Aufwand es für Kepler bedeutete, die Marsbahn aus 180 Segmenten von je 1° zu berechnen. (Es sei daran erinnert, daß es damals noch keine Integralrechnung gab.) Aus dieser Art, die Marsbahn zu berechnen, entwickelte Kepler später sein sogenanntes zweites Gesetz – das er vor dem ersten entdeckte –, wonach der Radiusvektor in gleicher Zeit über gleiche Flächen streicht.

Mindestens vierzigmal sei es vorgekommen, berichtet Kepler an Fabricius, daß er wegen Unstimmigkeiten zwischen Berechnung und Beobachtung diese Rechnung mit Modifikationen durchgeführt habe. Nach all den Versuchen und Irrtümern sehe es ganz so aus, als ob *die Marsbahn eine vollkommene Ellipse wäre. Aber ich habe betreffs einer solchen noch nichts erforscht. […] Gerade als ich mit der Quadratur meines Ovals beschäftigt war, kam ein freilich nicht gelegener Gast durch eine geheime Pforte in mein Haus und störte mich, am 3. Dezember n. St. Freitag früh, ein Viertel vor 12 Uhr böhmischer Zeit, mit Namen Friedrich Kepler. Vor dem Zubettgehen habe ich, unterstützt von meinem Gehilfen, Marstafeln niedergeschrieben. […] Auch die physikalische Hypothese habe ich versucht. Oh übergroße Arbeit, von der ich doch noch zu wenig gekostet!*[146] Bereits eine Woche früher hatte Kepler in einem Brief an Herwart gestöhnt: *Der häusliche Umtrieb aber […] führt die größte Unruhe herbei, die von den Weibern herrührt. Denn was für ein Geschäft, was für ein Umtrieb macht es nicht, fünfzehn, sechzehn Weiber zu meiner Frau, die im Wochenbett liegt, einzuladen, sie zu bewirten, sie hinauszubegleiten usw.*[147]

In diesem Winter war Kepler niedergeschlagen. Die wiederholten Fehlschläge beim Berechnen der Marsbahn setzten ihm zu. Wie so oft fürchtete er um Leben und Gesundheit. Er schrieb am 12. Dezember an den Senat der Universität Tübingen: *Ich bin zur Zeit mit den Untersuchungen über die Bewegungen des Sternes Mars beschäftigt. In diesem Werk trage ich alles zusammen, was ich in den letzten fünf Jahren in unablässiger Arbeit über dieses Gestirn erforscht habe, geführt und geleitet von den tychonischen Beobachtungen, und was, wie ich eben jetzt einsehe, noch weiterhin zu erforschen ist. Mag ich hiemit ans Ziel gelangen oder nicht, so habe ich doch sicherlich bereits so viele und bedeutende Entdeckungen gemacht, daß die Astronomie völlig neu erscheinen mag. Sollte ich aus diesem Leben scheiden müssen, ohne zuvor diese meine der Verherrlichung der wunderbaren göttlichen Weisheit dienenden Arbeiten vollenden und zu einem entscheidenden Abschluß bringen zu können, so wäre dies für mich höchst schmerzlich. Eine Gelegenheit zur Veröffentlichung sehe ich freilich noch nicht ab. Ich habe nämlich mit dem Edelmann Franz Tengnagel, Seiner Kaiserlichen Majestät Appellationsrat, des seligen Tycho Brahe Schwiegersohn, die Verabredung getroffen, daß er mir auch fernerhin die tychonischen Beobachtungen überläßt […], während ich verpflichtet bin, nichts ohne seine Zustimmung zu veröffentlichen, bis er selber die Rudolphinischen Tafeln vollendet hat, und dazu schickt er sich nur sehr zögernd an. So besteht die Gefahr, daß ich, wie seither schon mehrfach, so auch weiterhin mich mit ihm werde herumstreiten müssen, indem er auf den Ruhm seines Schwiegervaters, ich dagegen einzig auf die philosophische Freiheit bedacht bin. Für diesen Fall legt mir die Sorge um meine Entdeckungen die Vorsichtsmaßregel nahe, ein Exemplar meiner Kommentare bei der heimatlichen Hochschule zu hinterlegen, damit diese, falls ich sterben sollte, ihre Herausgabe besorge.*[148]

Es sollte zwar nicht zur Hinterlegung des Manuskriptes in Tübingen kommen – der Aufwind, in den Kepler geriet, als er seinen Ellipsen-Satz (erstes Keplersches Gesetz) als stimmig erweisen konnte, machte diese Vorsichtsmaßnahme überflüssig –, doch spricht der Brief ein anderes Problem an: die Querelen mit Brahes Erben, besonders mit Tengnagel. Allein der Umstand, daß Tengnagel wegen vielfältiger Verpflichtungen am Hofe nicht die Zeit fand, sich in der vereinbarten Frist um die Herausgabe der Rudolfinischen Tafeln zu kümmern (was Kepler voraussah), gab Kepler freie Hand, seine *Astronomia nova*, die ja auf Tychos Beobachtungen basierte, zu veröffentlichen. Allerdings stellte Tengnagel zur Bedingung, daß dem Text eine Vorrede von ihm an die Leser vorangestellt würde.

Auch nachdem Kepler die Oval-Hypothese verworfen und bereits davon gesprochen hatte, es sehe ganz so aus, als ob die Bahn eine Ellipse sei, vermochte er dieser Lösung nicht recht zu trauen. Wären nicht längst andere vor ihm auf diese Theorie verfallen, wenn sie so einfach wäre? Bevor er sich Ostern 1605 zu der Einsicht durchkämpfte, daß die Planetenbahn wirklich elliptisch ist, probierte er noch die sogenannte via buccosa, eine pausbäckige Bahn. Er schreibt an Fabricius: *Nun [...] habe ich das Ergebnis, mein Fabricius: Die Planetenbahn ist eine vollkommene Ellipse (die Dürer oft Oval nennt) oder sicherlich nur um einen unmerklichen Betrag von einer solchen verschieden.*[149] Ergänzt man den Satz *Die Planetenbahn ist eine vollkommene Ellipse*, durch «in deren einem Brennpunkt die Sonne steht», hat man das erste Keplersche Gesetz.

Im Verlauf des Jahres 1605 und Anfang 1606 verfaßte Kepler die entscheidenden letzten Kapitel seiner *Astronomia nova*. In seiner Widmung an Kaiser Rudolf II. schreibt er über Mars: *Auf Geheiß Ew. Majestät führe ich endlich einmal den hochedlen Gefangenen zur öffentlichen Schaustellung vor [...]. Er ist jener so mächtige Bezwinger menschlichen Spürsinns, der aller Machenschaften der Astronomen spottete, ihre Werkzeuge zertrümmerte, die feindlichen Truppen niederschlug. So hat er das Geheimnis seiner Herrschaft durch alle vergangenen Jahrhunderte hindurch sicher verwahrt gehalten und seinen Lauf in voller, unbeschränkter Freiheit ausgeführt [...].*[150] Kepler erinnert an die Verdienste Tycho Brahes. Ohne dessen exakte Messungen hätte er – das ist ihm wohl bewußt – nie zu seiner Mars-Theorie gefunden. Erst Beobachtungsdaten, die so genau waren wie die von Brahe, hatten es Kepler möglich gemacht, Fehler in seinen Hypothesen zu erkennen und auszuräumen. Es brauchte jedoch auch einen Mann von solcher Zähigkeit, Kritikfähigkeit, Offenheit und Neugierde wie Kepler, um diese enorme Arbeit zu bewältigen.

Mit der Drucklegung der *Astronomia nova* gab es freilich Probleme. Da waren einmal die Erben, die Einwände machten, und da waren finanzielle Nöte, die Kepler zwangen, bereits gewährte Druckkostenzuschüsse für seinen Lebensunterhalt zu nutzen. So mußte er wegen ausbleibender Gehaltszahlungen immer wieder um Unterstützung für den Druck der *Astronomia nova* einkommen. Die Drucklegung zog sich von 1607 bis 1609 hin, zwischendurch unterbrochen wegen Geldmangels. Der Kaiser gewährte 1608 einen letzten Zuschuß unter der Bedingung, daß alle Exemplare in seinen Besitz übergehen, doch blieb Kepler schließlich nichts anderes übrig, als die gesamte Auflage an den Drucker Vögelin zu veräußern, wollte er zu seinem Gehalt kommen.

Die Resonanz auf die *Astronomia nova* war eher verhalten, zu neu war Keplers Planetentheorie für traditionsgebundene Astronomen. Viele namhafte Wissenschaftler vermieden es, sich zu dieser Arbeit Keplers zu äußern. So blieb Keplers sehnsüchtiger Wunsch, eingebunden zu werden in einen wissenschaftlichen Dialog, auch in diesem Falle weitgehend unerfüllt.

Neben der Arbeit an den Mars-Kommentaren hatte sich Kepler um eine Vielzahl anderer Belange zu kümmern. Da waren die Erbschaftsangelegenheiten seiner Frau, deren Regelung immer neuen Einsatz erforderte, da gab es etliche Umzüge innerhalb Prags, da waren die Expertisen, die er für den Hof und für fürstliche Gönner zu verfassen hatte, und da waren anfangs auch noch einige Kalender, die er schrieb.

Um dem Mißtrauen der Brahe-Erben zu begegnen, hatte Kaiser Rudolf II. verfügt, daß Kepler Johannes Pistorius (dem Beichtvater Rudolfs II.) Rechenschaft über den Stand seiner astronomischen Untersuchungen ablegen sollte. Aus dieser Kontrolltätigkeit entstand ein freundschaftliches Verhältnis zwischen den beiden Männern, das bis zu Pistorius' Tod 1607 andauerte.

Da die Erben Brahes erwirkt hatten, daß Kepler der Gebrauch von Brahes Instrumenten untersagt wurde, blieb Kepler nichts anderes übrig, als dem Verfall der kostbaren Instrumente zuzusehen. In dieser mißlichen Situation stiftete Freiherr Johann Friedrich Hoffmann von Grünbüchel und Strechau, Keplers alter Gönner aus Grazer Zeiten, Kepler einen Quadranten und einen Sextanten, die zwar nicht an die Qualität der Braheschen Instrumente heranreichten, aber ihren Zweck erfüllten. Kepler bedankte sich einige Jahre später für diese Schenkung mit der Widmung seiner Schrift *De stella tertii honoris in cygno (Über den Stern dritter Größe im Schwan)* an Johann Friedrich Hoffmann. Diese Schrift erschien 1606 zusammen mit *De Iesu Christi servatoris nostri vero anno natalitio (Über das wahre Geburtsjahr unseres Retters Jesus Christus)* in *De stella nova in pede serpentarii* (*Über den neuen Stern im Fuß des Schlan-*

Darstellung aus Keplers «Über den Stern dritter Ordnung im Schwan», 1606

genträgers, Prag und Frankfurt 1606), dem ausführlichen lateinischen Bericht über den neuen Stern von 1604.

Kepler hatte sich ab dem Sommer 1605, als seine *Astronomia nova* im großen und ganzen konzipiert war, wieder anderen Projekten zugewandt. Er las – als Vorbereitung für *De stella nova* – Augustinus' «De civitate dei» («Über den Gottesstaat»), um den gebildeteren unter seinen Lesern Genüge tun zu können, und er las Laurentius Suslygas Schrift «Ansichten über das Geburts- und Todesjahr unseres Herrn Jesu Christi sowie über die gesamte Einteilung seines irdischen Lebens» («Velificatio seu Theoremata de anno ortus et mortis Domini, deque universa in carne Jesu Christi oeconomia», Graz 1605). Er war auf diese Schrift in Graz gestoßen, wohin er im Sommer 1605 Erb- und Vormundschaftsangelegenheiten halber gereist war. Suslyga suchte darin den Nachweis zu erbringen, daß der Beginn der christlichen Zeitrechnung mindestens vier Jahre zu spät angesetzt sei.

Kepler, der sich – wie schon gesagt – gerade wieder mit der Nova von 1604 beschäftigte, stellte sich angesichts dieser These (die, wie er später erfuhr, Michael Mästlin bereits 1604 vertreten hatte) die Frage, ob es etwa einen Zusammenhang gebe zwischen der alle 800 Jahre (und im Anschluß daran zehn mal alle zwanzig Jahre) wiederkehrenden Konjunktion von Jupiter und Saturn im sogenannten feurigen Dreieck (Schütze, Widder, Löwe), der Nova und dem Stern von Bethlehem; denn etwa fünf bis sechs Jahre vor dem angenommenen Geburtsjahr Christi war die Konjunktion von Jupiter und Saturn gerade wieder ins feurige Dreieck eingetreten. Diese Frage bewegte Kepler so sehr, daß er noch während seines Aufenthaltes in Graz seine Schrift *De Iesu Christi servatoris nostri vero anno natalitio* verfaßte. Schon früher – zur Zeit seiner Lehrtätigkeit in Graz und im Zusammenhang mit Anfragen Herwart von Hohenburgs – hatte sich Kepler wiederholt mit Fragen der Chronologie beschäftigt, so daß es ihm gleichsam aus dem Stand möglich war, Suslygas Thesen zu bestätigen und da und dort zu verbessern. Ein Mosaikstein dabei war das Todesjahr des Herodes, das Kepler nach dem Julianischen Kalender auf das Jahr 42 ansetzt (Anhaltspunkt: Mondfinsternis kurz vor Herodes' Tod), während Jesus nach dieser Zeitrechnung erst im Jahr 45 auf die Welt gekommen ist. Da Herodes jedoch die Tötung der männlichen Kinder (unter zwei Jahren) in Bethlehem angeordnet hatte, mußte man schließen, daß Jesus im Jahr 39 oder 40 geboren sein mußte. Kepler vermutet nun, daß es die anno 39 erschienene Konjunktion von Jupiter und Saturn im feurigen Dreieck – eventuell zusammen mit einer Nova – gewesen sei, die die drei Weisen aus dem Morgenland nach Bethlehem geführt habe. Diesen Beitrag zur Chronologie widmete Kepler seinem Freund, dem kaiserlichen Rat Johannes Barwitz, der sich wiederholt für ihn und seine Belange eingesetzt hatte. Auch später hat sich Kepler noch des öfteren zum Thema des Geburtsdatums Christi geäußert.

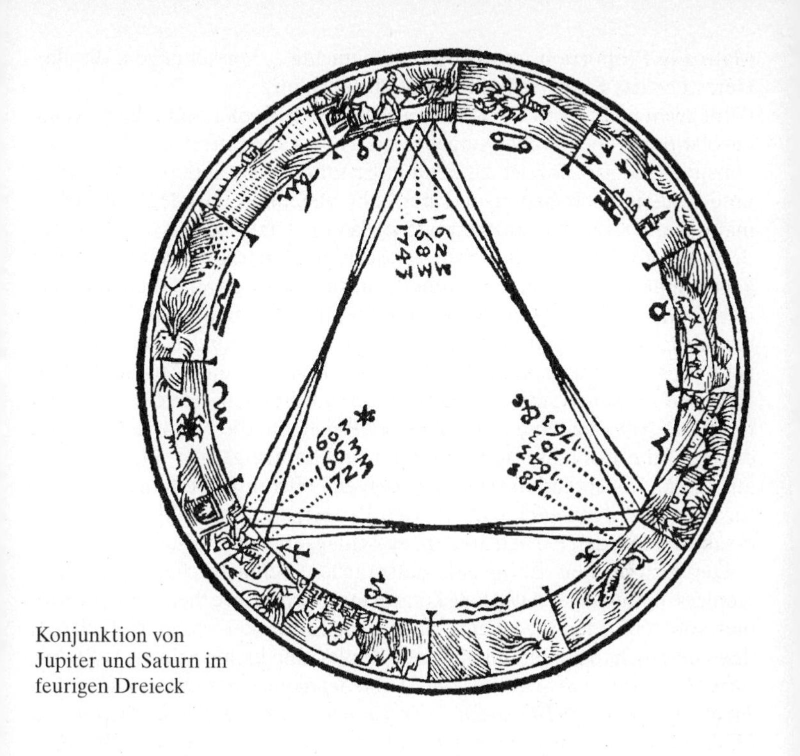

Konjunktion von Jupiter und Saturn im feurigen Dreieck

In der titelgebenden Schrift *De stella nova in pede serpentarii* geht Kepler nach ausführlichen Bemerkungen zur astrologischen Tradition der Frage nach, woher die enorme Materie stamme, die in der Nova zum Leuchten kommt: Muß man davon ausgehen, daß dieser Stern, der – wie Kepler zeigt – der Fixsternsphäre angehört, erst nach Erschaffung der Welt entstanden ist, oder ist er bereits zu Anfang entstanden, aber erst 1604 ‹erleuchtet› worden? Kepler vertritt – gegen die theologische Orthodoxie, für die der Anfang in den biblischen sieben Schöpfungstagen liegt – die erste der beiden Versionen. Er ist der Ansicht, daß die Materie der Nova aus Wolken feinstverteilter Materie stamme, die sich dann durch physikalisch noch ungeklärte Kräfte zum Stern formiert haben. Zugleich grenzt sich Kepler ab von Anhängern der Lehre Giordano Brunos, die die Ansicht vertreten, die Nova komme aus den unendlichen Tiefen des Weltalls in Erdnähe, leuchte dort auf, um alsbald wieder in den Tiefen des Raums zu verschwinden. Für Kepler ist die Idee eines unendlichen Weltraums, in dessen grenzenlosen Weiten Myriaden von Sonnen als Fixsterne leuchten, furchteinflößend und grausam, macht sie doch in ihrer Unermeßlichkeit und im Fehlen eines Zentrums jegliches

Maß, alle Proportion und Harmonie zunichte – Vorstellungen, die das Herzstück des Keplerschen Kosmos ausmachen.

Im zweiten Teil von *De stella nova* stellt sich Kepler schließlich, wenn auch widerstrebend, der Aufgabe, die Nova im Kontext der Planetenkonstellation astrologisch zu deuten. Er tut dies mit äußerster Vorsicht, unter vielen Vorbehalten und nur sehr allgemein. Große Umbrüche, meint Kepler, seien nicht zu erwarten, da es in letzter Zeit – von der Entdeckung des Buchdrucks bis zur Entdeckung Amerikas – schon so viele gegeben habe. Es gelte, die Symbolsprache Gottes zu verstehen, die sich in vielfältiger Gestalt dem Kundigen offenbare. Kometen und Novae gäben als Erscheinungen «praeter naturam» (Erscheinungen, die über die Natur hinausweisen) nach astrologischer Lehrmeinung Auskunft über weltliche Gewalten; erstere bezögen sich auf Fürsten, letztere auf Staaten. Eine Nova bedeute also ein neues Reich. Da die Nova von 1604 jedoch auf die Konjunktion von Jupiter und Saturn gefolgt sei, lasse sich aus dieser Konstellation schließen, daß auf Wirren Ruhe folge. Bei dieser Prognose dürfte der Wunsch, den Parteienstreit zu mildern und den ersehnten Frieden herbeizureden, ausschlaggebend gewesen sein.

Die historischen Ereignisse entsprachen bedauerlicherweise nicht Keplers Voraussage. Allenfalls könnte man davon sprechen, daß der Komet von 1607 (den man heute nach dem Entdecker seiner Umlaufzeit den Halleyschen nennt und über den Kepler eine kleine Schrift *Außführlicher Bericht von dem newlich im Monat Septembri und Octobri diß 1607. Jahrs erschienenen Haarstern oder Cometen und seinen Bedeutungen,* Halle 1608, verfaßte) den unterstellten Effekt hatte: 1608 mußte Rudolf II. als österreichischer, ungarischer und mährischer und 1611 als böhmischer König zugunsten seines Bruders Matthias abdanken. Doch bis dahin gab es noch eine Menge Zurüstungen in Richtung Unfrieden. 1607 hatte Maximilian I. von Bayern die freie Reichsstadt Donauwörth besetzt, weil es dort zu Störungen katholischer Prozessionen gekommen war. Diese Vereinnahmung einer reichsunmittelbaren Stadt gab Anlaß zur Sprengung des Regensburger Reichstages von 1608 und zur Bildung eines protestantischen Verteidigungsbündnisses, der «Union» von Kurpfalz, Württemberg, Baden-Durlach und Ansbach-Bayreuth. Gleich im folgenden Jahr formierte sich die katholische «Liga» unter bayerischer Führung zum Zwecke der Erhaltung des Landfriedens und der Verteidigung der katholischen Konfession. Ihr traten die meisten größeren katholischen Länder bei außer Österreich und Salzburg. Diese Verteidigungsbündnisse heizten die Konfrontation freilich mehr an, als daß sie zum Ausgleich beitrugen. Als fatal sollte sich später erweisen, daß die jeweiligen Bündnisse Abkommen mit ausländischen Mächten schlossen und sich damit geradezu als Werkzeuge der Einflußnahme anboten.

Das Jahr 1607 brachte für Kepler noch weitere Einschnitte: Im April und Mai hatte er abends den Merkur beobachtet, da er für Ende Mai eine

Konjunktion von Sonne und Merkur erwartete. Als in der Nacht zum 28. Mai ein heftiges Unwetter aufkam, vermutete Kepler (der regelmäßige Wetteraufzeichnungen machte, um einem möglichen Zusammenhang zwischen Planetenkonstellationen und Witterungsverhältnissen auf die Spur zu kommen), die Sonne-Merkur-Konjunktion habe vielleicht früher als erwartet stattgefunden und entschloß sich, am nächsten Tag die Sonne zu beobachten. Was er bei seiner Beobachtung in der Camera obscura fand, versetzte ihn in helle Aufregung: Auf dem Abbild der Sonne war ein kleiner schwarzer Fleck zu erkennen. Kepler ließ sich seine Beobachtung von unbefangenen Zeugen bestätigen und war bald ganz sicher, daß er soeben einen Durchgang des Merkur durch die Sonne beobachtet habe. Im folgenden Winter verfaßte Kepler auf Drängen seiner Freunde einen Bericht über seine Beobachtung, die er am 26. Februar 1608 Herzog Johann Friedrich von Württemberg widmete. Der Bericht erschien 1609 unter dem Titel *Phaenomenon singulare seu Mercurius in sole (Einzigartige Erscheinung oder Merkur in der Sonne)*. Schon 1611 wurde Kepler eines Besseren belehrt: Johannes Fabricius (der Sohn von David Fabricius) machte die staunende Öffentlichkeit mit der Existenz von Sonnenflecken bekannt. Kepler vermerkte lakonisch: *Wie sehr ist auch in der Astronomie das Kriegsglück veränderlich, indem sich der bewegliche Heereszug der Konjekturen mit schwankender Zuversicht bald hierhin, bald dorthin wendet.* Er betont aber auch: *Ich Glücklicher, der ich als erster in diesem Jahrhundert die Flecken beobachtet habe.*[151]

Kurz vor Jahresende wurde Kepler ein weiteres Mal Vater. Am 21. Dezember 1607 wurde sein Sohn Ludwig geboren. In das folgende Jahr fällt die Eheschließung seiner Stieftochter Regina Lorenz mit Philipp Ehem, dem Geschäftsträger Kurfürst Friedrichs IV. von der Pfalz am Kaiserhof. Kepler hatte Vorbehalte gegenüber Trägern politischer Ämter: Sie *hören auf die Sirenengesänge bei Hof und streben daselbst nach Stellungen.*[152] Seine Situation in Prag und sein Verhältnis zum Hof schilderte er mit den Worten: *Ich lebe hier in Prag einsam, in gewisser Hinsicht ohne Leute, die mir helfen.*[153] Kepler war zwar wohl nicht ungesellig, hielt jedoch eine innere Distanz zum Hofleben. In diese Richtung weist auch eine Bemerkung Keplers, die sich in einem Brief an Michael Mästlin findet: *Hohe Ehren und Würden gibt es bei mir nicht; ich lebe hier auf der Bühne der Welt als einfacher Privatmann. Wenn ich einen Teil meines Gehaltes bei Hof herauspressen kann, bin ich froh, nicht ganz aus eigenem leben zu müssen. Im übrigen stelle ich mich so, wie wenn ich nicht dem Kaiser, sondern dem ganzen Menschengeschlecht und der Nachwelt diente. In dieser Zuversicht verachte ich mit geheimem Stolz alle Ehren und Würden und dazu, wenn es nötig ist, auch jene, die sie verleihen.*[154]

Unterdessen widmete sich Kepler wieder seinem ‹eigentlichen› Thema, den Untersuchungen harmonischer Proportionen. Bereits im Oktober 1605 hatte er in einem Brief an Christoph Heydonus den Wunsch geäußert: *Gott möge mich von der Astronomie losmachen, daß ich mich der Sorge für mein Werk über die Harmonie der Welt zuwenden kann.*[155] Im April 1607 berichtet nun Kepler an Herwart von Hohenburg: *In meinen harmonischen Untersuchungen ist mir die beste Lehrmeisterin die Erfahrung. Über einen Hohlraum, der Resonanz erzeugt, spanne man eine Metallsaite. Mit einem daruntergesetzten Steg oder einem sogenannten beweglichen Sattel [...] fahren wir auf der Saite nach rechts und links hin und her, wobei wir immer wieder die beiden Teile der Saite, in die sie durch den Sattel zerlegt wird, anschlagen, den Sattel sodann entfernen und auch die ganze Saite zum Tönen bringen. Das übrige überlassen wir dem Urteil des Gehörs. Wenn dieses bezeugt, daß die beiden Teile mit der ganzen Saite einen Wohlklang ergeben, mache man an dem Ort der Teilung einen Strich auf der Ebene und messe die Längen der beiden Teile der Saiten. So wird man erfahren, welche Verhältnisse dabei herauskommen. Bisweilen werden auch beide Teile unter sich, aber keiner von ihnen mit der ganzen Saite einen Wohlklang ergeben; bisweilen wird ein Teil mit der ganzen Saite zusammenklingen, während der andere Teil mit diesem und mit der ganzen Saite einen Mißklang ergibt. Nun bilde man mit der ganzen Länge der Saite einen Kreis, indem man die beiden Enden zusammenfügt. Läßt man die Teilstriche stehen, so kann man sich jetzt ein Urteil bilden, ob meine Behauptung wahr ist, daß alle derartigen Kreisteile konstruierbar, die Teile aber, die einen Mißklang ergeben, nicht konstruierbar sind.*[156] Diese Untersuchungen sollten schließlich in Keplers *Harmonices mundi libri V (Fünf Bücher von der Weltharmonie)*, das Buch, das Kepler bereits in Graz konzipiert hatte, das aber erst 1619 herauskam, eingehen. Ganz im Sinne der pythagoreischen Tradition sieht Kepler einen engen Zusammenhang zwischen musikalischen Harmonien und Planetenkonstellationen. Er schreibt an Herwart von Hohenburg: *Und da es acht Harmonien gibt: den Gleichklang, die Mollterz, die Durterz, die Quart, die Quint, die Mollsext, die Dursept, die Oktav, gibt es auch [...] acht Aspekte: die Konjunktion, den Sechstel-, Fünftel-, Viertel-, Drittel-, Dreiachtel-, Zweifünftel-Aspekt und die Opposition. Ich bemerkte nämlich, daß auch die neuen Aspekte, nämlich der Fünftel-, Dreiachtel- und Zweifünftel-Aspekt, wirksam sind.*[157] Kepler, der sich sowohl in *De fundamentis astrologiae certioribus (Über die gesicherteren Grundlagen der Astrologie)* als auch in *De stella nova in pede serpentarii* ausführlich zur Astrologie geäußert hatte, vertrat die Ansicht, daß allein harmonische Planetenaspekte eine Wirkung auf den Menschen zeigten. Von der Aufteilung der Ekliptik (der scheinbaren Bahn der Sonne um die Erde) in Tierkreiszeichen und Häuser hielt Kepler dagegen nichts.

Auf Keplers in *De stella nova* geäußerte Kritik an seinen astrologischen Prognosemethoden hatte Helisäus Röslin, ein alter Bekannter Keplers aus Tübinger Zeiten, mit seinem «Discurs von heutiger Zeit Beschaffenheit» (Straßburg 1609) geantwortet, der wiederum Kepler veranlaßte, eine *Antwort auf D. Helisaei Röslini Medici et Philosophi Discurs von heutiger zeit beschaffenheit* (Prag 1609) zu verfassen. Als schließlich der Leibarzt des Markgrafen Georg Friedrich von Baden, Philipp Feselius, mit einer Schrift gegen Röslin herauskam, «Gründtlicher Discurs von der Astrologia Judicaria» (Straßburg 1609), in der er die Astrologie in Bausch und Bogen verwarf, war das wiederum ein Anlaß für Kepler, zur Feder zu greifen. Sein *Tertius interveniens (Der vermittelnde Dritte)*, der wie die Schriften Röslins und Feselius' Markgraf Georg Friedrich von Baden gewidmet ist, versteht sich als Vermittlungsversuch zwischen den beiden Extremen. Kepler konzediert, daß viele Astrologen sich die *freye Macht angemasset / zu tichten / liegen / triegen / und vom unschuldigen Himmel zu sagen / was sie gewolt.*[158] (Hier hört man den Schwaben Kepler; er spricht von «dichten», «lügen», «trügen».) Er hält dem jedoch entgegen, niemand solle *für ungläublich halten / daß auß der Astrologischen Narrheit und Gottlosigkeit / nicht auch eine nützliche Witz und Heyligthumb / auß einem unsaubern Schleym / nicht auch ein Schnecken / Müschle / Austern oder Aal zum Essen dienstlich / auß dem grossen Hauffen Raupengeschmeyß / nicht auch ein Seydenspinner / und endtlich auß einem ubelriechenden Mist / nicht auch etwan von einer embsigen Hennen ein gutes Körnlin / ja ein Perlin oder Goldtkorn herfür gescharret / und gefunden werden köndte.*[159]

Sehe man einmal ab von dem Mißbrauch, den viele Astrologen mit ihren Prognosen trieben, bliebe, *daß der Mensch in der ersten Entzündung seines Lebens / wann er nun für sich selbst lebt / unnd nicht mehr in Mutterleib bleiben kan / einen Characterem und Abbildung empfahe totius constellationis coelestis, seu formae confluxus radiorum in terra [aller himmlischen Konstellationen oder Formen des Zusammenfließens der Strahlen auf der Erde], und denselben biß in sein Grube hieneyn behalte […].* So komme es, *daß einer wacker / munder / frölich / trauwsam: Der andere schläffrig / träg / nachlässig / liechtscheuh / vergessentlich / zag wirdt […]. Dieser Character wird empfangen nicht in den Leib / dann dieser ist viel zu ungeschickt hierzu / sondern in die Natur der Seelen selbst / die sich verhält wie ein Punct / darumb sie auch in den Puncten deß confluxus radiorum [des Zusammenfließens der Strahlen] mag transformiert werden / unnd die da nicht nur deren Vernunfft theilhafftig ist / von deren wir Menschen vor andern lebenden Creaturen vernünfftig genennet werden / sondern sie hat auch ein andere eyngepflanzte Vernunfft die Geometriam so wol in den radiis [Strahlen] als in den vocibus [Stimmen], oder in der Musica, ohn langes erlernen / im ersten Augenblick zu begreiffen.*[160]

Kepler betont, es sei unwahrscheinlich, daß man aus einer Nativität ersehen könne, *wie es einem allerdings ergehen werde*[161]. Zu viele Unwägbarkeiten säumten den Weg jedes einzelnen. Letzten Endes sei jeder seines eigenen Glückes Schmied, denn *deß Menschen Glück […] ist deß*

Menschen Willkühr / princeps animae facultas [die vornehmste Fähigkeit der Seele], die ist und bleibt frey[162].

Neben diesen Aktivitäten kümmerte sich Kepler um die Drucklegung der *Astronomia nova*. Im August 1608 machte er bei Hof eine Eingabe mit der Bitte, ihm einen Reisekostenzuschuß zu gewähren, damit er in Heidelberg den Druck persönlich überwachen könne, auch möge man Sorge dafür tragen, daß seine Familie während seiner Abwesenheit mit Geld versorgt werde. Die Bewilligung dieses Antrages ließ allerdings auf sich warten. Erst im Frühjahr 1609 konnte Kepler die Reise nach Heidelberg antreten. Die *Astronomia nova* kam schließlich zur Frankfurter Frühjahrsmesse 1609 auf den Markt. Kepler reiste aus diesem Anlaß von Heidelberg nach Frankfurt. Anschließend führte ihn sein Weg nach Württemberg, wo er – dreizehn Jahre nach seinem letzten Besuch – Verwandte und Bekannte wiedersehen wollte.

Da die Situation in Prag immer prekärer wurde und Kepler fürchtete, der Hof werde künftig noch säumiger bezahlen, war er auf der Suche nach einer neuen Stelle. Er wagte kaum noch zu hoffen, man werde ihm in Württemberg eine Stelle anbieten; trotzdem brachte er sich Johann Friedrich, Herzog von Württemberg, mit der Widmung seines ebenfalls (mit Verzögerung) zur Frühjahrsmesse erschienenen *Mercurius in sole* in Erinnerung. Bei dieser Gelegenheit wies Kepler auf seine bedrohte Lage in Prag hin und bat den Herzog, er möge gestatten, sich anderweitig nach einer Stelle umzusehen. Für seine Widmung erhielt Kepler einen kostbaren Becher und den Bescheid, er solle sich – wo immer er sich verdinge – bereithalten für eine etwaige Berufung nach Württemberg. Der kleine Funke Hoffnung, der in dieser Äußerung steckte, gab den Ausschlag für einen Brief, in dem Kepler – ehrlich wie er war – auf seine von der Lehrmeinung der Amtskirche abweichende Haltung zur Konkordienformel hinwies. Er tat dies, um möglichen späteren Querelen zuvorzukommen. Mancher hat sich seither gefragt, ob Kepler es mit seinem Wunsch, in Württemberg arbeiten zu wollen, wirklich ernst gemeint habe, war doch vorhersehbar, daß er sich mit dieser Offenherzigkeit alle Chancen verdarb. Und doch ist es kennzeichnend für Keplers Eigenart, daß er lieber eine Ablehnung riskierte, als daß er sich diplomatisch verbog. Erschwerend mochte hinzukommen, daß Kepler zugleich für eine Aussöhnung mit den Calvinisten (die die württembergischen Protestanten noch vehementer bekämpften als die Katholiken) eintrat. Das brachte das Stuttgarter Konsistorium – die oberste Kirchenbehörde –, wo man sich noch gut seiner ‹Jugendsünden› erinnerte, vollends gegen ihn auf. Da half ihm auch das Versprechen, er werde seine religiösen Vorbehalte nicht öffentlich äußern, nicht weiter.

Als Kepler Anfang Juli aus Württemberg nach Prag zurückkehrte, erfuhr er von dem am 9. Juli 1609 erlassenen Majestätsbrief Rudolfs II., in dem dieser allen böhmischen Protestanten freie Religionsausübung und das Recht, eigene Schulen und Kirchen zu errichten, zubilligte. Diese seiner loyalen Einstellung zur katholischen Kirche widerstrebende Maßnahme hatte Rudolf II. ergriffen, um zu verhindern, daß er (nach der österreichischen, ungarischen und mährischen) auch noch die böhmische Regentschaft an seinen Bruder Matthias verlor. Matthias hatte sich an die Spitze des Versuchs der Familie Habsburg gestellt, dem Zaudern Rudolfs II. – sprich seiner Regentschaft – ein Ende zu setzen. Die wachsenden Spannungen im Reich (Erbfolgekrieg in Jülich-Kleve), denen Rudolf II. wenig entgegenzusetzen wußte, arbeiteten ihm dabei in die Hände. Da Rudolf II. überdies auch keine legitimen Kinder hatte – zwanzig Jahre lang verhandelte er vergeblich wegen einer Eheschließung mit seiner Cousine Isabella von Spanien; aus der Verbindung mit seiner Lebensgefährtin Katharina da Strada gingen jedoch mehrere Kinder hervor[163] –, sorgte man sich in Wien um die Erbfolge.

Kepler feierte den Majestätsbrief Rudolfs II. als Sieg der Protestanten[164], auch wenn er sich schwerlich verbergen konnte, daß dieser Sieg ein Faktor der fortschreitenden Destabilisierung des Reichs war. So war er, der jetzt endlich dem Kaiser seine *Astronomia nova* übergeben konnte, weiterhin bemüht, eine gesichertere Stellung für sich zu finden. Soweit sich dies rekonstruieren läßt, hatte Kepler damit jedoch zunächst keinen greifbaren Erfolg. Deshalb schlug er, um wenigstens in absehbarer Zeit zu etwas Geld zu kommen, Giovanni Antonio Magini (einem namhaften italienischen Astronomen, der als Professor in Padua wirkte und bereits früher Ephemeriden publiziert hatte) vor, gemeinsam mit ihm die Ephemeriden (das sind die Planetenorte) für den Zeitraum von 1583 bis 1663 zu veröffentlichen.[165] Ephemeriden waren damals ein sicheres Geschäft, da sie von Astronomen ebenso gebraucht wurden wie von Seefahrern und Astrologen. Magini lehnte jedoch diesen Vorschlag ab.[166]

Kepler wollte angesichts der Ungewißheit seiner Lage schon wieder in Trübsal versinken, als ihn – wahrscheinlich Ende März oder Anfang April – durch Wacker von Wackenfels die Nachricht erreichte, Galilei habe mit Hilfe eines zweilinsigen Perspicillums (Fernrohr) vier bis dahin unbekannte Planeten entdeckt. Diese Neuigkeit versetzte Kepler in größte Aufregung, stellte sie doch, wenn sie zutraf, die Planetenordnung seines *Mysterium cosmographicum* in Frage. Kepler konnte damals nur ahnen, welch neue Perspektive sich dem Beobachter durch das Fernrohr bot. Er selbst hatte bis dahin keine Gelegenheit gehabt, Beobachtungen mit dem Fernrohr anzustellen, das im übrigen auch erst um 1608 im niederländischen Middelburg von Jan Lipperhey erfunden worden war. Doch Kepler vermutete sogleich, daß es sich bei den vier neu entdeckten Himmelskörpern nicht um Planeten, sondern nur um Jupiter-Trabanten handeln könne. Ungeduldig wartete er auf die Schrift, in der Galilei seine Entdeckungen veröffentlicht hatte.

Schließlich, am 8. April 1610, bekam Kepler durch den toskanischen

Gesandten Giuliano de' Medici Galileis Schrift «Sidereus nuncius» (Sternenbote oder Sternenbotschaft) überreicht. Galilei berichtete darin über seine Beobachtung der zerklüfteten Mondoberfläche und von vier bisher unbekannten Planeten, die den Jupiter umkreisen. Galilei hatte seine Beobachtungen mit einem Fernrohr gemacht, das – ein konvexes Objektiv mit einem konkaven Okular verbindend – eine etwa dreißigfache Vergrößerung bot. Überdies behauptete Galilei, dieses Gerät allein auf das Gerücht von niederländischen Fernrohren hin selbst erfunden zu haben, was damals wie heute allenthalben in Zweifel gezogen wird. Auch Kepler billigte Galilei nur eine Verbesserung an dem bereits bekannten Bauprinzip der Perspicilla zu.

Die Beobachtungen hatten zwei herausragende Konsequenzen: Sie zeigten, daß der Mond ein der Erde vergleichbarer Himmelskörper ist, wodurch die physikalische Trennung von Himmel und Erde fragwürdig erschien – und – die Entdeckung von Jupiter-Trabanten bewies, daß sich Himmelskörper auch um ein anderes Zentrum als die Erde drehen konnten, womit die kopernikanische Position gestärkt wurde. Galilei wagte es daraufhin, sich erstmals öffentlich zum kopernikanischen System zu bekennen.

Von allen Seiten gedrängt, verfaßte Kepler einen offenen Brief an Galilei. Die Fachwelt war sehr gegen Galilei eingestellt, nicht nur weil er sich die Erfindung des Fernrohrs angemaßt hatte, sondern auch wegen der weitreichenden Folgen, die seine Entdeckungen nach sich zu ziehen versprachen. Kepler hingegen schenkte Galileis Beobachtungen nicht nur Glauben, er begrüßte sie geradezu überschwenglich, sah er doch die Möglichkeit, die Leistung der Fernrohre, die alles bisher Erreichbare weit in den Schatten stellten, durch Verbesserungen ihrer Konstruktion (Kepler macht Vorschläge dafür) noch weiter steigern zu können. Allerdings bemerkt er einschränkend, daß Galilei Vorläufer sowohl in der Mondbeobachtung als auch im Einsatz von Linsentuben gehabt habe, wodurch er Galileis Entdeckungen zwar nicht schmälert, aber doch historisch relativiert. Außerdem hebt Kepler hervor, daß es sich bei den neu entdeckten Himmelskörpern wohl weniger um Planeten als um Monde handele. Um möglichen Vorwürfen, er schmeichle Galilei, vorzubeugen, schreibt Kepler in seiner Vorrede zur *Dissertatio cum nuncio sidereo (Unterredung mit dem Sternenboten)*: *Ich habe immer die Gepflogenheit eingehalten, zu loben, was nach meiner Ansicht andere gut, zu verwerfen, was sie schlecht gemacht haben. Niemals bin ich ein Verächter oder Verhehler fremden Wissens, wenn mir eigenes fehlt. Niemals fühle ich mich anderen unterwürfig oder vergesse mich selber, wenn ich aus eigener Kraft etwas besser gemacht oder früher entdeckt habe. Auch glaube ich nicht, daß sich der Italiener Galilei um mich Deutschen so sehr verdient gemacht hat, daß ich ihm dafür schmeicheln müßte, indem ich die Wahrheit und meine innerste Überzeugung nach ihm einrichte.*[167]

Mit seiner *Dissertatio* gelang Kepler das seltene Kunststück, es sowohl Galilei als auch dessen Gegnern recht zu machen. Die meisten namhaften Astronomen waren – wie gesagt – nicht bereit, Galileis Entdeckungen anzuerkennen, nicht zuletzt aus Furcht, sich zu blamieren und durch die Abweichung vom ptolemäischen Weg zu isolieren. Kepler, der anders als die meisten in dieser Hinsicht Mut bewies, war freilich durch seine optischen Forschungen bestens gerüstet, die Glaubwürdigkeit von Galileis Berichten zu beurteilen. Er ließ sich auch, obwohl er den Perspicilla zunächst eher mißtrauisch gegenübergestanden hatte (er glaubte, sie ließen nicht genug Licht durch), von Galilei gerne eines besseren belehren. Die Jupiter-Trabanten regten ihn zu geradezu kühnen Spekulationen an: Wenn Jupiter vier Monde hat, muß dann Mars nicht zwei und Saturn sechs oder acht Monde haben? (Womit Kepler im Fall des Mars recht hatte; Saturn hat nach heutiger Erkenntnis neun Monde.) Und sind diese nicht gemacht für die Bewohner der Nachbarplaneten, zu denen die Menschen bestimmt aufbrechen werden, sobald sie nur die Schiffe zur Durchquerung des Himmelsraumes erfunden haben? [168]

Kepler verfaßte seine *Dissertatio* innerhalb kürzester Zeit. Da der Bote bereits am 19. April nach Italien abreisen sollte, blieben Kepler nur elf Tage zum Lesen und Schreiben. Im Druck erschien die *Dissertatio* im Mai 1610. Mästlin reagierte auf sie mit Genugtuung: «Ganz vortrefflich hast Du in Deinem Schriftchen, das ich mit größtem Vergnügen lese und für dessen Zusendung ich Dir herzlich danke, dem Galilei die Federn ausgerupft», schreibt er in seinem Brief vom 7. September 1610 a. St. an Kepler. [169] Auch Galilei reagierte mit Genugtuung. Er berichtete am 7. Mai 1610 an den toskanischen Minister Belisario Vinta: «Vom kaiserlichen Mathematiker habe ich einen Brief oder vielmehr eine ganze Abhandlung von 8 Blatt erhalten, in der alles, was in meinem Büchlein enthalten ist, gebilligt wird, ohne daß er in irgendeiner noch so geringen Einzelheit Widerspruch oder Zweifel äußerte.» [170]

Als Magini und andere italienische Astronomen nach einem Blick durch Galileis Fernrohr behaupteten, sie könnten nichts erkennen, bat Kepler Galilei in seinem Brief von 9. August 1610, ihm Zeugen für seine Beobachtungen zu benennen, denn *ich frage mich, wie es kommt, daß so viele die Erscheinung bestreiten, auch solche, die ein Fernrohr handhaben* [171]. Erst auf diesen Brief hin verstand sich Galilei dazu, Kepler auf seine *Dissertatio* zu antworten. Er bedankt sich bei Kepler dafür, daß er «als erster und fast einziger mit dem Freimut und mit der geistigen Überlegenheit, die Euch auszeichnet, ohne die Sache selber gesehen zu haben, meinen Aussagen vollen Glauben geschenkt habt» [172]. Auf Keplers Bitte, ihm ein Fernrohr für eigene Beobachtungen zur Verfügung zu stellen, reagiert Galilei jedoch ausweichend: Er wolle in Zukunft neue Instrumente bauen und sie seinen Freunden schicken, schreibt er. Offenbar zählte er Kepler – anders als etliche hochmögende Potentaten – nicht zu seinen Freunden, denn der bekam nie ein Fernrohr von ihm. Als Zeugen für seine Beobachtungen benennt Galilei den Großherzog der Toskana und Giulio de' Medici, den Bruder des Prager Gesandten, Persönlichkeiten, auf deren astronomischen Sachverstand Kepler schwerlich viel gab. Im übrigen prahlt Galilei mit der glänzenden Stellung und Bezahlung, die man ihm in Florenz in Aussicht stellte.

Am 29. August 1610 bekam Kepler, wenn auch nur kurz und auf Umwegen, doch noch die Gelegenheit, Beobachtungen mit einem von Galilei konstruierten Fernrohr anzustellen. Herzog Ernst von Bayern, Kurfürst und Erzbischof von Köln, der sich zu einer Fürstenversammlung in Prag aufhielt (sie sollte zwischen Rudolf II. und seinem Bruder Matthias vermitteln), lieh Kepler dieses – qualitativ wohl nicht überragende – Instrument. Kepler arrangierte eine ausgetüftelte Beobachtungsanordnung: Er, der Studiosus Astronomiae Benjamin Ursinus und einige weitere Beobachter notierten, was sie im Fernrohr sahen, auf Tafeln, die die anderen nicht einsehen konnten. Anschließend verglichen die Anwesenden die Beobachtungen. Kepler schildert die Bestätigung, die Galileis Beobachtungen auf diese Weise erhielten, in seiner *Narratio de Jovis satellitibus* (*Bericht von den Jupiter-Satelliten,* Frankfurt a. M. 1611). Gedruckt wurde die *Narratio* wahrscheinlich im Oktober 1610, denn bereits am 25. Oktober 1610 schickte Kepler ein Exemplar an Galilei.

Schon im September – fünf Monate nach dem Eintreffen des «Sidereus nuncius» – hatte Kepler in kurzer Zeit seine Theorie der Diopter fertiggestellt. Die Begriffswahl «Diopter» erläutert Kepler in seiner Widmung an Kurfürst Ernst, der ihm sein Fernrohr geliehen hatte, selbst: *Da nun Euklid einen Teil der Optik, die Katoptrik, geschaffen hat, welche von den zurückgeworfenen Strahlen handelt, indem er den Namen von dem Hauptwerkzeuge dieser Art, den Spiegeln und ihrer wunderbaren und erfreulichen Vielgestaltigkeit hernahm, so entstand nach diesem Vorgange für mein Büchlein der Name Dioptrik, weil es hauptsächlich von den in dichten, durchsichtigen Medien gebrochenen Strahlen handelt, sowohl in den natürlichen Medien des menschlichen Auges, als den künstlichen verschiedener Gläser.*[173] In seiner Vorrede weist Kepler auf Galileis Verdienst hin, das Fernrohr für die Himmelsbeobachtung erschlossen zu haben, und schwingt sich zu geradezu hymnischen Tönen auf, wenn er schreibt: *O du vielwissendes Rohr, kostbarer als jegliches Szepter! Wer dich in seiner Rechten hält, ist der nicht zum König, nicht zum Herrn über die Werke Gottes gesetzt!*[174]

Kepler erläutert in den 141 Lehrsätzen seiner *Dioptrice* (Augsburg 1611) die Wirkungsweise von Linsen und Linsensystemen und liefert damit nicht nur die Erklärung der Funktionsweise des holländischen Fernrohrs, sondern entwickelt darüber hinaus Verbesserungsvorschläge und Konstruktionsalternativen, die einen erheblichen Zuwachs an Auflösungsvermögen und Trennschärfe bedeuten. Sein aus zwei konvexen

Linsen konstruiertes Fernrohr blieb für lange Zeit die Standardversion eines astronomischen Fernrohrs. Mit dieser bahnbrechenden Arbeit kam Kepler Galileis Ankündigung, eine Erklärung für die Funktionsweise seines Fernrohrs zu liefern, zuvor. Es wurde und wird ohnehin angenommen, daß Galilei von einer solchen Erklärung meilenweit entfernt war, kannte er doch noch nicht einmal Keplers *Paralipomena.*

Der Druck der *Dioptrice* verzögerte sich, so daß Kepler sein Vorwort erst im Juli 1611 verfaßte (Das Manuskript der *Dioptrice* hatte Kepler bereits im September 1610 Kurfürst Ernst überreicht, der auch für den Druck sorgte). In seinem Vorwort berichtet Kepler von den Buchstabenrätseln, mit denen sich Galilei unterdessen zu Wort gemeldet hatte. Im August 1610 hatte er Giuliano de' Medici, dem toskanischen Gesandten in Prag, die Buchstabenfolge«Smaismrmilmepoetaleumibunenugttauiras» übermittelt, mit dem Hinweis, sie verkünde eine weitere Neuentdeckung. Kepler reihte sich ein unter die Rätselrater. Geradezu fieberhaft fügte er die Buchstaben zusammen auf der Suche nach dem verborgenen Sinn. Er kam auf *Salve umbistineum geminatum Martia proles (Seid gegrüßt, doppelter Knauf, Kinder des Mars).* [175]

Erst am 13. November 1610 ließ Galilei sich auf Drängen des Kaisers herbei, des Rätsels Lösung zu offenbaren. Die Buchstabenfolge verkündete die Dreigestalt des Saturn: «Altissimum planetam tergeminum observavi» («Ich habe den höchsten Planeten dreigestaltig beobachtet»). Das Ringsystem des Saturn sah in den damals besten Fernrohren aus wie die Folge eines kleinen, eines großen und wieder eines kleinen Sterns. Es dauerte nicht lange, und Galilei wartete am 11. Dezember 1610 mit einem neuen Anagramm auf: «Haec immatura a me jam frustra leguntur, o.y.» Wieder machte Kepler sich ans Rätselraten. Auch wenn er die richtige Lösung nicht fand, sind seine Lösungsversuche aus heutiger Sicht höchst bedeutsam. Er rät nämlich unter anderem *Macula rufa in Jove est [...]* [176] *(Es gibt einen roten Fleck auf dem Jupiter).* Wie recht er damit hatte, konnte er freilich beim Entwicklungsstand der damaligen Fernrohre nicht wissen. Kepler teilte Galilei am 9. Januar 1611 seine meist unvollkommenen Lösungen mit und beschwört ihn, sein Anagramm aufzulösen. Galilei hatte das Geheimnis bereits mit Schreiben vom 1. Januar 1611 an Giuliano de' Medici gelüftet: «Cynthiae figuras aemulatur mater amorum» («Die Venus ahmt die Phasen des Mondes nach»). Damit war ein klarer Beweis erbracht, daß die Venus über kein eigenes Licht verfügt und sich um die Sonne dreht. Die Art, wie Galilei seine Beobachtungsergebnisse publizierte, war sehr bezeichnend für ihn: Sie sollte ihm die Priorität (die ihm im Falle der Entdeckung der Jupiter-Monde abgesprochen worden war), aber auch die Aufmerksamkeit der auf die Folter gespannten Astronomie-Begeisterten sichern.

Unterdessen war eine kleine, launige Schrift erschienen, die Kepler möglicherweise bereits im Winter 1609/10 verfaßt hat: *Strena seu de nive sexangula* (*Neujahrsgabe oder Vom sechseckigen Schnee*, Frankfurt a. M. 1611). In dieser seinem Freund und Gönner, dem Hofrat Wacker von Wackenfels, gewidmeten Schrift äußerte sich Kepler zu einem seiner Lieblingsthemen – den geometrischen Grundformen der Schöpfung. Die Schneeflocke – lateinisch «nix» –, dieses «Nichts», nimmt Kepler zum Ausgangspunkt seiner Untersuchung. Von der Schneeflocke kommt er über die Bienenwaben zu den Granatapfelkernen, zu der Fünfzahl der Blütenblätter, darüber zu den platonischen und schließlich zu den archimedischen Körpern. Kepler macht sich angelegentlich Gedanken über die räumliche Packungsordnung von Kugeln, Waben und anderen geometrischen Körpern, um endlich wieder auf die Schneeflocken zurückzukommen.

Das anhebende Jahr 1611 stand indessen politisch ebenso wie für Kepler persönlich unter keinem guten Stern. Kaiser Rudolf II. hatte sich gegen seinen Bruder Matthias mit seinem Neffen Erzherzog Leopold, Koadjutor des Bistums Passau, verbündet. Dieser hatte in Passau eine Truppe für den Einsatz im Jülich-Klevischen Erbfolgekrieg angeworben, die nun eilig zu Rudolfs II. Schutz nach Prag beordert wurde. Die Passauer Truppe fiel zu Jahresbeginn in Böhmen ein und zog plündernd und brandschatzend nach Prag. Durch diesen Angriff auf das eigene Volk verlor Rudolf II. alle Sympathien, die ihm in Böhmen noch entgegengebracht wurden. Ausschlaggebend dafür war auch, daß man von Rudolfs II. Bündnispartner Leopold, einem strammen Katholiken, keineswegs erwarten konnte, daß er den Majestätsbrief im Falle seines Sieges anerkennen würde. Das Ganze endete im Fiasko: Die böhmischen Stände schlossen sich Matthias an, und Rudolf II. mußte als böhmischer König abdanken. Zuletzt hatte Rudolf II. noch eingelenkt. Um weiteres Blutvergießen in Prag zu verhindern, befahl er den Rückzug der Passauer Truppe. Wie ein Gefangener saß er fortan auf seiner Prager Burg.

Die fremden Truppen hatten Seuchen in die Stadt gebracht. Im Januar erkrankten Keplers Kinder an den Pocken. Am 19. Februar starb das zweite Kind, Friedrich, Liebling von Vater und Mutter; die beiden anderen Kinder überwanden die Krankheit. Barbara Kepler, die selbst kurz zuvor am ungarischen Fieber erkrankt war und noch unter dessen Nachwehen, epileptischen Anfällen, litt, erholte sich von diesem Unglück nicht mehr. Niedergeschlagen und verzweifelt hatte sie allen Lebensmut verloren.

Kepler trat kurz darauf in Anstellungsverhandlungen mit den Linzer Ständen. Er hoffte, in Linz eine seiner Arbeit, seiner Familie, vor allem aber eine seiner Frau gemäßere Umgebung zu finden. Ein letzter Versuch, sich in Württemberg um eine Stelle zu bemühen, war am Widerstand des Stuttgarter Konsistoriums gescheitert. So reiste Kepler schließlich im Juni nach Linz, um Einzelheiten seines Vertrages mit den Ständen zu klären. Als er am 23. Juni 1611 von dort zurückkehrte, fand er seine

Frau kränkelnd vor. Kepler berichtet: *Betäubt durch die Schreckenstaten der Soldaten und den Anblick des blutigen Kampfes in der Stadt, verzehrt von der Verzweiflung an einer besseren Zukunft und von der unauslöschlichen Sehnsucht nach dem verlorenen Liebling wurde sie zum Abschluß ihrer Leiden von dem ungarischen Fleckfieber angesteckt (wobei sich ihre Barmherzigkeit an ihr rächte, da sie sich von dem Besuch der Kranken nicht abhalten ließ). In melancholischer Mutlosigkeit, der traurigsten Geistesverfassung unter der Sonne, hauchte sie schließlich ihre Seele aus.*[177] Das war am 3. Juli 1611. Am 5. Juli wurde Barbara Kepler begraben. *Seitdem bin ich durch die Sorge für meine Kinder, durch die Aufstellung ihres Vermögens und die Teilung der Erbschaft unter ihre Erben, meine Kinder und die Stieftochter, in Anspruch genommen. Sie ist gestorben ohne ein Testament gemacht zu haben und hat mir nichts hinterlassen.*[178]

Kepler, der Mathematiker eines entmachteten Kaisers, stand nun mit seinen Kindern alleine da. Gebeugt und niedergeschlagen harrte er auf Wunsch des Kaisers – trotz abgeschlossener Vertragsverhandlungen mit den Linzer Ständen – weiter in Prag aus. Er sah sich einzig imstande, die Herausgabe seiner gesammelten Schriften zur Chronologie vorzubereiten. Die *Eclogae chronicae* (*Auswahl aus den Chroniken,* Frankfurt a. M. 1615) erschienen jedoch erst Jahre später.

Als Rudolf II. am 20. Januar 1612 starb, hielt Kepler nichts mehr in Prag. Im April verließ er die Stadt, reiste nach Kunstadt (Mähren), wo er seine Kinder einer ihm bekannten Witwe zu treuen Händen übergab, und von dort alleine weiter nach Linz, wo er im Mai ankam.

Linz: Unruhe und Vollendung alter Projekte

Die Vereinbarungen, die Kepler bereits im Juni 1611 mit den Ständen von Österreich ob der Enns getroffen hatte, sahen vor, daß Kepler – neben seinen Aufgaben als Kaiserlicher Mathematiker, sprich der Herausgabe der *Rudolfinischen Tafeln* – die adelige Jugend in Mathematik, Philosophie und Geschichte unterrichten, eine Landkarte der Region erstellen und den Ständen sein Fachwissen zur Verfügung stellen solle. Dafür wurde ihm ein Jahresgehalt von 400 Gulden zugesagt. Bereits am 18. März 1612 hatte Kaiser Matthias ihn in seiner Funktion als Kaiserlicher Mathematiker mit einem Monatsgehalt von 25 Gulden bestätigt und ihm die Erlaubnis erteilt, seine Tätigkeit in Linz auszuüben.

Auch wenn Kepler weiterhin als Kaiserlicher Mathematiker tätig war, arbeitete er jetzt wieder in abhängiger Stellung. Zwar spricht vieles dafür, daß diese Stelle eigens für Kepler eingerichtet wurde (es gab sie vorher nicht), um ihm die Weiterführung seiner Projekte zu ermöglichen, und doch war er jetzt wieder Lehrer, ein – wie man sich erinnern wird – wenig geachteter Beruf, der ihn erneut der Aufsicht kirchlicher und weltlicher Instanzen unterwarf. So ging seine Rechnung, einen ruhigen Platz zum Arbeiten zu finden, nur zum Teil auf: Mit der Ruhe der Provinzstadt bekam er auch deren Engstirnigkeit und Unduldsamkeit zu spüren. So dauerte es nur wenige Wochen, bis Kepler in religiöse Querelen verstrickt wurde.

Kepler hatte dem protestantischen Pfarrer von Linz, Daniel Hitzler, der wie er aus Württemberg stammte und die Stiftsausbildung durchlaufen hatte, seine religiösen Zweifel anvertraut. Er nahm an, daß Hitzler durch seine Kontakte zur württembergischen Amtskirche ohnehin über seine Zweifel an der Konkordienformel unterrichtet sei und wollte nicht unaufrichtig erscheinen.[179] Hitzler, ein orthodoxer Protestant, hatte nichts Eiligeres zu tun, als dem vermeintlichen Hochmut des Kaiserlichen Mathematikers, der sich jenseits seiner Kompetenz mit religiösen Fragen herumschlug, einen Dämpfer aufzusetzen, indem er ihn wegen seiner Zweifel an der leibhaftigen Gegenwart Christi beim Abendmahl von diesem ausschloß. Hitzler begründete diesen Schritt mit seiner Sorge um Keplers Seelenheil.

Linz. Kupferstich von Abraham Holzwurm, 1629

Nachdem ich gewahrt hatte, daß man mich ausschließe, inzwischen bei Hoch und Nieder Gerüchte über mich verbreite und die Angelegenheit nicht geheim halte, da beschloß ich, das Stuttgarter Konsistorium anzurufen, ob ich vielleicht dadurch, daß es seine Autorität bei Hitzler einschalte, den Empfang der Kommunion [Abendmahl], wie zuvor in Prag, durchsetzen und das öffentliche Ärgernis (was ich den Württembergern sorgsam einschärfte) aus der Welt schaffen könne.[180]

Doch das von Kepler als Schlichtungsstelle angerufene Stuttgarter Konsistorium verlangte von Kepler unbedingten Gehorsam unter Hitzler als Hirten der Linzer Gemeinde. Da half Kepler kein Argumentieren, daß von keinem anderen Gemeindemitglied die Unterschrift unter die Konkordienformel verlangt werde, wolle es am Abendmahl teilnehmen.

Man beschied ihn ein ums andere Mal, er als Mathematiker solle sich nicht in religiöse Fragen einmischen, von denen er nichts verstehe; eine immerhin bemerkenswerte Äußerung von Leuten, die wußten, daß Kepler ein nahezu abgeschlossenes Theologiestudium vorzuweisen hatte.[181] Man hatte sich offenbar auf die Lesart geeinigt: Glauben ist Glauben, und Wissen ist Wissen, und vom Glauben können nur Theologen etwas wissen. Wem diese Logik, die jedes Dogma unangreifbar machte, nicht einleuchtete, war des intellektuellen Hochmuts bzw. des Mangels an kindlicher Gläubigkeit verdächtig.

So begann Keplers Linz-Aufenthalt mit seinem Ausschluß vom Abendmahl. Überflüssig zu erwähnen, daß dieser Vorgang in Linz für einigen Gesprächsstoff sorgte und Kepler in den Geruch der Häresie brachte. Dieser Verdacht setzte Kepler sehr zu und schadete ihm auch in einer nicht unwichtigen persönlichen Angelegenheit: Kepler war auf der Suche nach einer zu ihm passenden Ehefrau. Bereits in Prag hatte er seine Blicke schweifen lassen und eine Partie in Erwägung gezogen, die sich dann doch zerschlug. Dann hatte er daran gedacht, die Witwe zu heiraten, die seine Kinder betreute, war aber auch davon abgekommen, zugunsten einer Tochter dieser Frau. Doch auch aus diesem Plan wurde ebenso wenig wie aus all den in Linz folgenden. Um es kurz zu machen: Kepler zog insgesamt elf Frauen in die engere Wahl.

Er konnte sich zwar manchmal klar gegen, aber selten klar für eine entscheiden. Und wenn er sich denn einmal für eine entschied – was bedeutete, sich gegen etliche andere zu entscheiden –, hatte sein Zaudern und Zögern meist schon zur Sinnesänderung der Gegenseite geführt. Offenbar war Kepler bestrebt, all die Fehler, die ihm bei seiner ersten Eheschließung unterlaufen waren, zu vermeiden. Er fragt andere um Rat, überlegt hin, überlegt her, bis ihm schließlich das Gerede zuviel wird und er seine Suche im geheimen betreibt. All diese Einsichten verdanken sich freilich einzig Keplers selbstkritischer Offenherzigkeit. In einem Brief, den er kurz vor seiner zweiten Eheschließung wahrscheinlich an Baron Peter Heinrich von Strahlendorff nach Prag schrieb, schildert Kepler alle Irr- und Abwege seiner Brautschau: *Was soll ich sagen? War es göttliche Fügung oder moralische Schuld von mir, daß mein Sinn in den letzten zwei Jahren und darüber hinhaus nach so vielen Richtungen hingezogen wurde, daß ich auf so viele Partien lauerte und noch viel mehr in Erwägung zog und zwar solche, die recht verschieden voneinander waren? War es göttliche Fügung, welche Absicht hatte sie dabei mit den einzelnen Personen und Handlungen? Es gibt ja nichts, was ich mit größerer Peinlichkeit zu erforschen und so sehr zu wissen verlangte, als dies: kann ich wohl Gott, den ich bei der Betrachtung des Weltalls geradezu mit Händen greife, auch in mir selber finden? Wenn es aber, wie ich an zweiter Stelle sagte, eine Schuld von mir war, worin bestand sie?*[182] Fragen über Fragen. Kepler hatte sich schließlich, nachdem sich alle anderen Pläne zerschlagen hatten, für Susanna Reuttinger, Kandidatin Nummer fünf, entschieden. Sie war zwar mittellos, aber im Starhembergschen Mädchenstift gut erzogen worden und ohne bedürftigen familiären Anhang. Die früh verwaiste Tochter eines Schreiners aus Eferding bei Linz paßte von ihrer körperlichen Statur zu ihm und versprach, in Hausangelegenheiten tüchtig und sparsam und seinen Kindern eine gute Mutter zu sein. Man hat den Umstand, daß von ihr, außer bei der Geburt von Kindern, kaum noch die Rede ist, als Zeichen einer guten Ehe gewertet.[183] Die Eheschließung fand am 30. Oktober 1613 in Eferding statt. Kurz zuvor war Kepler beim Reichstag in Regensburg als Gutachter in der immer noch strittigen Kalenderfrage (Gregorianischer oder Julianischer Kalender) aufgetreten, ohne irgend etwas zugunsten des Gregorianischen Kalenders bewegen zu können.

Kepler, der bis dahin in einem Zimmer «in der Vorstadt zum Weingarten»[184] gewohnt hatte, zog nun mit seiner Frau und seinen beiden Kindern aus erster Ehe, die er jetzt endlich wieder zu sich holen konnte, in die Linzer Hofgasse. Dort wohnte er wahrscheinlich bis 1619. Später zog er in die Rathausgasse 5 und schließlich 1625 ins Linzer Landhaus. Kaum hatte sich Kepler in der Hofgasse häuslich eingerichtet, bot sich ihm ein unerwarteter Anlaß für eine wissenschaftliche Untersuchung. Als guter Hausvater kaufte Kepler im November einige Fässer Wein. *Vier Tage hernach kam nun der Verkäufer mit einer Meßrute, die er als einziges Instrument benutzte, um ohne Unterschied alle Fässer auszumessen, ohne Rücksicht auf ihre Form zu nehmen oder irgendwelche Berechnung anzustellen. Er steckte nämlich die Spitze des Eisenstabes in die Einfüllöffnung des vollen Fasses schief hinein bis zum unteren Rand der beiden kreisförmigen Holzdeckel, die wir in der einheimischen Sprache die Böden nennen. Wenn dann beiderseits diese Länge vom obersten Punkt des Faßrunds bis zum untersten Punkt der beiden kreisförmigen Bretter gleich erschien, dann gab er nach der Marke, die an der Stelle, wo diese Länge aufhörte, in den Stab eingezeichnet war, die Zahl der Eimer an, die das Faß hielt, und stellte dieser Zahl entsprechend den Preis fest.*[185]

Kepler mißtraute der Zuverlässigkeit dieser Rechnung, käme doch ein niederes Faß mit großen Böden auf ungerechtfertigt viele Maßeinheiten. Er nahm sich vor, der Sache mit Hilfe der Geometrie auf den Grund zu gehen. Innerhalb kurzer Zeit verfaßte er die *Nova stereometria doliorum vinariorum* (*Neue Inhaltsberechung von Weinfässern*, Linz 1615) und widmete sie am 17. Dezember 1613 den Herren Maximilian von Liechtenstein und Helmhard Jörger als Neujahrsgabe.

Kepler zeigt in seiner *Nova stereometria,* anknüpfend an Archimedes, wie die Kegelschnitte Kreis, Ellipse, Parabel und Hyperbel durch Rotation um feststehende oder ihrerseits rotierende Achsen die unterschiedlichsten Körper umschreiben. Diese Körper lassen sich des weiteren durch Schnitte abwandeln. So beschreibt Kepler etwa die Faßform als eine durch Rotation eines schmalen Kreisabschnitts entstandene Zitronenform, der die beiden Spitzen abgeschnitten worden sind. Seine Untersuchung läuft praktisch darauf hinaus, daß die Meßrute dann zutreffende Ergebnisse liefert, *wenn das Faß entsprechend den in Österreich gebräuchlichen Regeln gebaut ist*[186], das heißt, wenn sich der Bodendurchmesser zur Daubenlänge verhält wie die Diagonale zur Seite im Quadrat.

Mit dem Druck der *Nova stereometria* gab es jedoch einige Schwierigkeiten. Da es damals in Linz keinen Buchdrucker gab, sandte Kepler das Manuskript an Markus Welser in Augsburg, mit der Bitte, dort für seine Drucklegung zu sorgen. Markus Welser schrieb ihm aber am 11. Februar 1614, der Drucker Johann Krüger lehne es ab, die *Nova stereometria* auf eigene Kosten zu drucken.[187] Dies nahm Kepler zum Anlaß, die Schrift zu überarbeiten und zu erweitern.

1615 gelang es Kepler schließlich, den aus Erfurt stammenden Drucker Johannes Plank zur Übersiedlung von Nürnberg nach Linz zu bewegen. Die *Nova stereometria* wurde das erste in Linz gedruckte Buch. Die Druckkosten übernahm Kepler selbst. Da der Schrift kein Verkaufserfolg beschieden war, fertigte Kepler kurz darauf eine neuerlich überarbeitete deutsche Fassung an, die unter dem Titel *Außzug auß der uralten Messekunst Archimedis* 1616 in Linz erschien. Sie war um einen Teil erweitert, der Umrechnungstabellen für alle möglichen Maße und Gewichte bot.

Kepler widmete die *Messekunst Archimedis* den Bürgermeistern, Richtern und Räten der oberösterreichischen Städte, wohl nicht ohne Hintergedanken, denn Teile der oberösterreichischen Stände hielten Keplers Beschäftigung mit stereometrischen Fragen für durchaus entbehrlich. Man bedeutete ihm, er solle sich auf seine ihm übertragenen Arbeiten besinnen. Kepler antwortete auf diese Vorwürfe in seinem Schreiben an die Verordneten der oberösterreichischen Landstände vom 9. Mai 1616.[188] Er habe mit seiner deutschen Version der *Nova stereometria* dem Drucker aufhelfen wollen und sei auch der Meinung gewesen, die Städte und Gemeinden wüßten diese Arbeit zu schätzen.

Kepler klagt, daß er durch den ständigen Wechsel der Arbeit, an den *Rudolfinischen Tafeln* einerseits und der oberösterreichischen Landkarte andererseits, viel Zeit verliere. Er bittet deshalb die Verordneten, ihm zu sagen, welche Arbeit er zunächst fördern solle. Kepler beschreibt seine Arbeitsbedingungen und die voraussichtlich noch in die jeweiligen Projekte zu investierende Arbeit.

Aus Keplers Äußerungen zur Arbeit an den *Rudolfinischen Tafeln* geht hervor, daß er sich wegen der meist ausbleibenden Zahlungen der kaiserlichen Kasse keinen Gehilfen leisten konnte, der ihn bei der immensen Rechenarbeit unterstützte. Er habe aber *in speculatione* ein *Epitomen Astronomiae Copernicanae* verfaßt, das die *fundamenta tabularum Rudolphi* erkläre und bald erscheinen werde.[189]

Der Landvermesser. Holzschnitt von 1598

Zu seiner Arbeit als Kartograph schreibt Kepler, er habe bei seinen Erkundungsreisen durch Oberösterreich immer wieder *vil Zuredstellungen und drawliche anstösse von unerfahrnen, groben, argwönischen Baurn erleiden müessen*[190]. Deshalb brauche er – wollten die Stände eine exakte, neu vermessene Karte – einen schriftkundigen Gehilfen, einen Fuhrmann und die Begleitung eines ortskundigen Jägers oder Bauern. Dies alles sei freilich sehr aufwendig. Wollten die Verordneten jedoch nur eine verbesserte, weitläufigere und proportionierlichere Karte, so könne er diese auch zu Hause anfertigen. Man möge sich schlüssig werden, was gewünscht sei. So weit der dienstbeflissene Kepler, der gleichwohl durchblicken läßt, daß er die Arbeit an der Landkarte gerne loswäre. Als Gegenleistung stellt er den Verordneten in Aussicht, in Zukunft wieder astrologische Practica (Schreibkalender) zu verfassen, worum man ihn schon lange – vergeblich – gebeten hatte.

Kepler wurde auf dieses Schreiben hin am 20. Mai 1616 aufgefordert, den Verordneten alle seine bisherigen Arbeiten vorzulegen.[191] Im August 1616 beschlossen die Verordneten mehrheitlich, in Zukunft auf Keplers Dienste zu verzichten. Man möge ihm mit einer Frist von einem halben Jahr die Stelle aufkündigen.[192] Dieser Beschluß wurde jedoch – aller Wahrscheinlichkeit nach durch Intervention einflußreicher Gönner – nie in die Tat umgesetzt; gleichwohl ist er eine Aussage über das in Oberösterreich zur damaligen Zeit vorherrschende geistige Klima.

Kepler wurde über diese Vorfälle offenbar anders informiert; er schildert sie ein halbes Jahr später in einem Brief wie folgt: *Ihr müßt nämlich*

Matthias Bernegger (1582–1640), Professor der Geschichte an der Universität Straßburg

wissen, daß auf der Tagung der Landschaft über mein Gehalt gestritten worden ist; sehr viele vom Rang der Ritter waren gegen mich, die Barone für mich. Ich siegte (ohne von der Sache zu wissen) mit mehreren Stimmen. [193]

Um wieder an die Geschichte der Veröffentlichungen Keplers anzuknüpfen, ist es nötig, einige Jahre zurückzugehen. Bereits 1613 war Keplers *Widerholter Außführlicher Teutscher Bericht / Das unser Herr und Hailand Jesus Christus nit nuhr ein Jahr vor dem anfang unserer heutiges tags gebreuchlichen Jahrzahl geboren sey* (kurz: *Bericht vom Geburtsjahr Christi*) erschienen. Kepler knüpft darin an seine 1606 erschienene Schrift *De Jesu Christi servatoris nostri vero anno natalitio* an, erweitert sie jedoch um neu gewonnene Erkenntnisse und geht auf die Kritik, die Helisaeus Röslin an seinen chronologischen Thesen geübt hatte, ein. Die Schrift wurde durch Vermittlung von Matthias Bernegger in Straßburg gedruckt. Bernegger hatte am 17. Juli 1612 – auf der Durchreise von Hallstatt (seinem Heimatort) nach Straßburg, wo er eine Professur für Geschichte antreten sollte – in Linz Station gemacht und Johannes Kepler aufgesucht. Er hatte sich durch die Übersetzung des «Dialogs über die Weltsysteme» von Galilei ins Lateinische bereits einen Namen gemacht. Zwischen beiden Männern entwickelte sich so viel Sympathie und Vertrauen, daß sie bis zu Keplers Tod einen offenen und überaus freundschaftlichen Briefwechsel aufrechterhielten, obwohl sie sich nie wieder begegnen sollten.

In seinem *Bericht vom Geburtsjahr Christi* unternimmt es Kepler, wie er im Untertitel erläutert, durch die *vergleichung Haidnischer und Jüdischer Historien / so umb die zeit der geburt Christi eingefallen / auch beygefügten anzügen auß deß Himmelslauff*[194] den Nachweis zu erbringen, daß Jesus Christus fünf Jahre vor der christlichen Zeitrechnung geboren sei. Zu diesem Zweck bot er alle ihm zur Verfügung stehenden wissenschaftlichen Kenntnisse und Methoden auf. Die Chronologie – eine damals neu aufkommende Wissenschaft – arbeitete mit den seinerzeit avanciertesten Mitteln der Quellenkritik und des Textvergleichs und setzte damit blinder Schriftgläubigkeit fundierte Aussagen entgegen. Um zeigen zu können, daß dem im 6. Jahrhundert von Dionysius Exiguus errechneten Jahr 1 der christlichen Zeitrechnung ein falsch errechneter Empfängnistermin Johannes des Täufers zugrunde lag, brachte Kepler neben seinen theologischen und historischen auch seine astronomischen und astrologischen Kenntnisse mit ins Spiel (etwa zur Deutung der Prophezeiung der drei Weisen aus dem Morgenland). Für Kepler war die Chronologie mithin ein ideales Feld, auf dem er die ganze, reiche Palette seines Wissens einsetzen konnte.

Ein Jahr nach dem Erscheinen des *Berichts vom Geburtsjahr Christi* veröffentlicht Kepler *De vero anno quo aeternus dei filius humanam naturam in utero benedictae virginis Mariae assumpsit (Über das wahre Jahr, in dem der Sohn des ewigen Gottes im gebenedeiten Schoß der Jungfrau Maria menschliche Natur angenommen hat)* kurz *Libellus de anno natali Christi (Kleines Buch vom Geburtsjahr Christi).* Franz Hammer, der Herausgeber der chronologischen Schriften, weist darauf hin, daß zumindest Teile des *Libellus* wahrscheinlich vor (oder aber zeitgleich mit) dem *Bericht* geschrieben worden sind.[195] Hammer vermutet, daß sich Kepler zur vorzeitigen Herausgabe des deutschen *Berichts* entschloß als Reaktion auf Röslins ebenfalls deutsch abgefaßten «Prodromus dissertationum chronologicarum, das ist der Zeitrechnung halben ein außführlicher und gründtlicher teutscher Bericht», der Kaiser Matthias gewidmet war. Kepler habe sich nun beeilt, dem Kaiser, dem auch er seinen *Bericht* widmete, eine Gegendarstellung zu Röslins These, die Zeitrechnung müsse nur eineinviertel Jahr vordatiert werden, zukommen lassen. Im Aufbau ähnelt der *Bericht* dem ein Jahr später in Frankfurt erschienenen *Libellus*, der sich jedoch um eine objektivere, weniger polemische Haltung bemüht. Kepler widmete den *Libellus* – klug, wie er meist seine Widmungen verteilte – dem Wiener Erzbischof Melchior Klesl, einem engen Vertrauten des Kaisers.

1615 erschienen schließlich die *Eclogae chronicae*, eine Auswahl von Keplers Briefen zur Chronologie, deren Herausgabe er noch in seinem letzten Prager Jahr vorbereitet hatte. Kepler sollte sich später (1620) nur noch einmal öffentlich zur Chronologie äußern: In seinen *Canones pueriles* (ein Anagramm von Joannes Keplerus, wörtlich: kindlicher Kanon)

Id est chronologia von Adam biß auff diß jetzt laufende Jahr Christi 1620, einer Gefälligkeitsschrift für seinen Ulmer Bekannten Johann Baptist Hebenstreit, geißelt Kepler die Praxis, den Jüngsten Tag vorauszuberechnen. Die Schrift kam unter dem Anagramm-Pseudonym «Kleopas Herennius alias Phalaris von Nee-Sek» in Ulm heraus.[196]

Es waren nicht nur die Engherzigkeit der Landstände und der Ausschluß vom Abendmahl, die Kepler in Linz zusetzten, auch das meist ausbleibende Gehalt für seine Dienste als Kaiserlicher Mathematiker machte Kepler das Leben schwer, hinderten die knappen Einkünfte ihn doch, einen Assistenten, der ihm Rechenaufgaben für die *Rudolfinischen Tafeln* abnahm, dauerhaft und nicht nur gelegentlich zu beschäftigen. Ein erfreuliches Ereignis war die Geburt der Tochter Margarethe Regina am 7. Januar 1615. Zu diesem Zeitpunkt wußte Kepler noch nicht, welch für seine Mutter, für seine Geschwister und auch für ihn bedrohliche Situation sich unterdessen in Leonberg zusammenbraute.

Angefangen hatte es mit familieninternen Problemen: Keplers jüngerer Bruder Heinrich war nach dem Tod Rudolfs II. nach Hause zurückgekehrt. Dort verlangte er von seiner Mutter Geld und beste Bewirtung, kurzum eine Entschädigung für all das, was ihm als Kind abgegangen war. Er, der Epileptiker, war der Prügelknabe der Familie gewesen und hatte sich schon früh in das Los des Unglücksraben gefügt. Nun, wo seine Mutter alt war, wollte er sich an ihr für erlittenes Unrecht schadlos halten. Als die Mutter ihm nicht zu Willen war und ihn statt dessen beschimpfte, begann Heinrich Kepler, sie in der Stadt als alte Hexe zu verschreien. Was er damit auf den Weg brachte, sollte er nicht mehr erleben. Er starb am 17./27. Februar 1615.

Ein Streit zwischen Heinrichs jüngerem Bruder, dem Leonberger Zinngießer Christoph Kepler, und der Glasersgattin Ursula Reinbold war es, der dann zum Ausgangspunkt einer regelrechten Diffamierungskampagne wurde. Wegen geschäftlicher Differenzen war es zwischen den beiden zu einem Wortwechsel gekommen, in dessen Verlauf Christoph Kepler der Reinboldin ihren liederlichen Lebenswandel vorwarf. Gekränkt über diese Behandlung beschwerte sich die Reinboldin bei Katharina Kepler, die jedoch, statt zu vermitteln und zu besänftigen, alle von Christoph erhobenen Vorwürfe bekräftigte und in der Stadt Stimmung gegen die Reinboldin machte. Diese setzte sich zur Wehr, indem sie ihrerseits gegen die Keplerin hetzte. Der Streit zog immer weitere Kreise.

Hatte schon Heinrich Kepler seine Mutter als Hexe beschimpft, so griff die Reinboldin nun diesen Vorwurf auf. Katharina Kepler sei es gewesen, die ihr vor Jahren einen bitteren Trunk verabreicht habe, woraufhin sie krank und elend geworden sei. Das Thema erhitzte die Gemüter, waren doch erst zur Jahreswende 1615/16 in Leonberg sechs Frauen als Hexen hingerichtet worden.[197] Die Reinboldin verstand es, Verbündete auf ihre Seite zu ziehen: Ihr Bruder, der Hofbarbier Urban Kräutlin, tat sich mit dem Leonberger Vogt Luther Einhorn zusammen. In angetrunkenem Zustand stellten die beiden Katharina Kepler zur Rede und versuchten, ihr mit gezogener Waffe das Eingeständnis hexerischer Praktiken abzupressen. Sie solle auf der Stelle seine Schwester gesund machen, verlangte der Barbier. Als Katharina Kepler standhaft blieb und versicherte, sie könne die Reinboldin sowenig gesund machen wie krank, ließen die beiden sie schließlich gehen. Dieser sich selbstverständlich jenseits aller Rechtlichkeit bewegende Übergriff veranlaßte schließlich die Geschwister Christoph Kepler und Margarete Binder, eine Verleumdungsklage gegen Ursula Reinbold anzustrengen. Da aber der Leonberger Vogt selbst in die Ränke gegen Katharina Kepler verwickelt war, zögerte er den Gerichtstermin immer wieder hinaus. Von alledem erfuhr Kepler erst mit erheblicher Verspätung zum Jahresausgang 1615; der Brief seiner Schwester, der diese Nachrichten übermittelte, war verlegt worden. Kepler reagierte prompt. Am 2. Januar 1616 schrieb er an den Rat von Leonberg: *Mit unaussprechlicher betriebnus [Betrübnis] meines Herzens hab ich den 29. Decembris jüngsten auß einem von meiner Schwestern Margreta Bennderin den 22. Octobris an mich datirten und alhie im Vitzdom Ambt mir unwissendt verlegen [verlegten] schreiben verstanden, wasmaßen etliche thails E. E. W. u. G. Gerichtszwang underworffene Persohnen, uff ein pur lauttere starke einbildung ihrer Haußfraw und Schwester, so hievor in leichtferttigkhait gelebt, und hernach in volgender Zeyt im Kopf zerrittet [zerrüttet] worden sein solle, in disen hochbetrawlichen [hochbedrohlichen] Argwohn gebracht worden, alß hab mein in allen ehren bißnahendt in Sibenzigst Jahr erlebte liebe Muetter deroselben wahnsinnigen Person einen verzauberten Trunckh beygebracht, dieselbe hiermit ihrer Vernunfft zu berauben.* [198]

Kepler ist höchst besorgt, ob seine Geschwister in Württemberg die Verteidigung der Mutter auch mit dem nötigen Sachverstand betreiben. Um zu gewährleisten, daß seine Mutter so gut wie möglich verteidigt wird, engagierte Kepler einen Leonberger Rechtsanwalt für seine Mutter und einen Stuttgarter und Tübinger Anwalt für sich und ließ durchblicken, daß er sich persönlich um die Verteidigung seiner Mutter kümmern werde. Kepler ist es neben der Entlastung seiner Mutter auch um die Erhaltung seines guten Namens und seiner heimischen Güter zu tun.

Dabei hatte auch er seinen Anteil am Vorwurf der Hexerei gegen seine Mutter. Bereits während seiner Studienzeit in Tübingen hatte Kepler angefangen, eine fiktive Reise zum Mond zu beschreiben. Diese Idee griff er 1608/09 wieder auf, als er sich zusammen mit Wacker von Wackenfels mit der Astronomie des Mondes beschäftigte. Den Text, den Kepler entsprechend antiken Vorbildern in einen Traum kleidete, könnte man als Science-fiction-Märchen bezeichnen. In seinem *Somnium* oder *Mondtraum* (der erst nach seinem Tod gedruckt werden sollte, vorher aber wahrscheinlich in mehreren Abschriften zirkulierte) berichtet Kepler detailliert über die geographischen und klimatischen Verhältnisse auf dem Mond, über die astronomischen Gegebenheiten aus Mondperspektive und über die Lebensverhältnisse der Mondbewohner. Dem Ganzen liegt eine phänomenale Mischung aus räumlicher Vorstellungskraft, Phantasie und wissenschaftlicher Genauigkeit zugrunde, die man wohl zu Recht als Wegbereiterin der Science-fiction-Dichtung ansieht. Kritisch für Kepler und seine Mutter wurde indessen die zweite Rahmenhandlung: Dort ist die Rede von einer isländischen «Kräuterhexe» Fiolxhilde. Sie, die ihren Sohn Duracoto, den es zum Schreiben hinzog, immer vor dieser in ihren Augen gefährlichen Kunst gewarnt hatte – *denn [...] es gäbe gar viele verderbliche Verächter der Künste, welche verläumdeten, was sie nicht verständen*[199] –, ist überaus empört, als sie bemerkt, daß ihr Sohn sein Interesse auf ihr Metier lenkt. Eines Tages erwischt sie ihn, wie er eines der magischen Kräutersäckchen, die sie an Seeleute zu verkaufen pflegte, aufschneidet. Zornentbrannt übergibt sie ihren Sohn dem Schiffer, der das Säckchen bereits bezahlt hatte, zum Eigentum, nur um ihres Verdienstes nicht verlustig zu gehen. Den Sohn verschlägt es zu Tycho Brahe auf die Insel Hven, wo er zum Astronomen ausgebildet wird. Nach fünfjähriger Abwesenheit kehrt er zurück und kann seine Mutter schließlich dazu bewegen, ihn in den Ursprung ihrer geheimen Kenntnisse einzuweihen. Er erfährt, daß seine Mutter von einem *Dämon aus Levania* (Levania ist der Mond) unterrichtet worden ist. Dieser Dämon wird nun herbeibeschworen und beschreibt Mutter und Sohn eine Reise zum Mond. Erst nachträglich ist Kepler klargeworden, ein wie gewagtes Unternehmen diese Erzählung zu Blütezeiten des «Hexenhammers» war. Um das Ganze zu entmystifizieren, verfaßte er in den zwanziger Jahren zahlreiche Erläuterungen zu diesem Text.

Kepler, dessen *Mondtraum* entstanden war, bevor Galilei seine Fernrohrbeobachtungen des Mondes im «Sidereus nuncius» (1610) veröffentlichte, schickte 1611 eine Abschrift des Manuskripts mit Baron Volckersdorff via Prag nach Tübingen. Nachdem man auch ihn *verbottener Künsten bezüchtiget* hatte, vermutete Kepler, daß der Inhalt des *Mondtraums* durch Indiskretion des Überbringers weitergetragen worden sei.[200] Unschwer lassen sich die autobiographischen Züge der handelnden Personen erkennen, hatte Kepler seine Fiolxhilde doch mit den bekanntermaßen schroffen Charaktereigenschaften seiner Mutter ausgestattet. Katharina Kepler war wohl durch eine Weil der Städter Base, bei der sie nach dem Tod ihrer Mutter aufwuchs, über Heilkräuter unterrichtet worden. Welchen Gebrauch sie von diesem Wissen machte, läßt sich freilich nicht mehr rekonstruieren.

Vieles spricht jedoch dafür, daß sich Katharina Kepler durch ihr bisweilen wenig verbindliches und unbesonnenes Verhalten selbst geschadet hat. Kepler beschönigt in dieser Hinsicht nichts, wenn er von den

Fehlern spricht, *die ihr anhaften, als da sind Schwatzsucht, Neugier, Jähzorn, Bösartigkeit, Klagsucht, Fehler, die an jenem Ort sehr verbreitet sind*[201]. Er nimmt sie aber auch in Schutz: *Das aber Sie bey irer beclagten widerparth in solchen bösen Verdacht kommen, kan Ich auss erforschung aller Umbstände Khain andere Ursach finden, als das sie sich mit Iren unerzogenen vilen Kindern in die 28 Jahr ohne beystand und Wittibsweise under dem gmainen Gesindl und faece populi [Abschaum des Volkes] nietten und wehren müessen, sich kärglich ernehret, Ir güetlin verpessert, umb das Irige geredt, und hierüber je zu weilen in allerhandt Zanckh, Unlust und Feindschafft gerathen.*[202] Die Stimmung in Leonberg sei ohnehin durch etliche kürzlich dort abgehaltene Hexenprozesse aufgeheizt.

Kepler läßt sich Abschriften aller bisher angelaufenen Akten kommen und bemüht sich, aus der Ferne durch Schreiben an den württembergischen Herzog Johann Friedrich und dessen Verwaltung zugunsten seiner Mutter Einfluß zu nehmen. Während er in Linz an seiner *Epitome astronomiae Copernicanae (Abriß der Kopernikanischen Astronomie)*, an den *Rudolfinischen Tafeln* und an Ephemeriden für die Jahre 1617 und 1618 arbeitet, eskalieren in Leonberg die Ereignisse. Ein Gerücht bringt das nächste hervor: Ein Mädchen gibt an, sein Arm sei nach einer Begegnung mit der Keplerin gelähmt gewesen. Auch wenn sich der lahme Arm unschwer auf Überarbeitung zurückführen läßt, dient diese Aussage als Aufhänger für eine Schadensersatzklage des übel beleumundeten Jörg Haller gegen Katharina Kepler. Seine Frau Walburga (Schinderburga), die mit der Reinboldin gemeinsame Sache macht, ist die treibende Kraft hinter dieser Klage. Wo immer Probleme auftauchen, Vieh erkrankt oder anderes Ungemach sich einstellt, denkt man jetzt an die Keplerin. Die Schadensersatzklage gegen Katharina Kepler dient dem Vogt als willkommener Anlaß, den für die Verleumdungsklage anberaumten Zeugenvernehmungstermin kurzfristig abzusagen. Nun macht Katharina Kepler einen Fehler: Sie verspricht dem Vogt einen silbernen Becher, wenn er endlich das Verfahren, das sie entlasten soll, unter Hintanstellung der Schadensersatzklage anberaumt. Diese versuchte Einflußnahme meldet der Vogt – zusammen mit allen über Katharina Kepler kursierenden Hexengerüchten – unverzüglich seiner übergeordneten Dienststelle und kann damit von seiner Verschleppungstaktik ablenken.

Nachdem der Vogt das Gerücht ausgestreut hat, er habe Weisung, Katharina Kepler zu verhaften und zur Folter zu führen, bringt Christoph Kepler seine Mutter zu seiner Schwester nach Heumaden. Beide Geschwister bereden dort die Mutter, sie solle zu Johannes Kepler nach Linz reisen, der sie wiederholt gebeten hatte, zu ihm zu kommen. Nur widerwillig läßt Katharina Kepler sich darauf ein. Als es in Ulm – es ist Spätherbst – zu einem Kälteeinbruch kommt, kehrt sie um. Ungehalten darüber bringt Christoph Kepler sie daraufhin gegen ihren erklärten Willen nach Linz, wo die beiden am 3./13. Dezember 1616 ankommen.[203]

Diese Reise wird der Keplerin als Flucht und Eingeständnis eines schlechten Gewissens ausgelegt. Um das Schlimmste zu verhindern, schildert Johannes Kepler dem Vizekanzler Sebastian Faber in Stuttgart Anfang 1617 die genauen Umstände der Verleumdungskampagne gegen seine Mutter und bittet ihn, seine und seiner Mutter Anwälte zu empfangen und zu unterstützen.[204]

In Linz erkrankt Katharina Kepler so schwer, daß Johannes Kepler, der im Februar 1617 für zwei Monate zum Hofdienst nach Prag reisen mußte, um ihr Leben fürchtet. Während seines Aufenthalts in Prag hört Kepler erstmals von John Napiers Logarithmenrechnung und kann einen kurzen Blick in die «Mirifici logarithmorum canonis descriptio» («Beschreibung der bewundernswerten Regel der Logarithmen») werfen, die Napier 1614 in Edinburgh veröffentlicht hatte. Dies wird ihn später zu eigenen Untersuchungen der Logarithmenrechnung anregen (*Chilias logarithmorum*, Marburg 1624, und *Supplementum chiliadis logarithmorum*, Marburg 1625) und ihn bestimmen, die *Rudolfinischen Tafeln* auf Logarithmenrechnung umzustellen.

Den Prager Aufenthalt nutzte Kepler auch, um eine kleine Schrift, die er quasi zum Hausgebrauch verfaßt hatte, drucken zu lassen. Der *Unterricht vom Heiligen Sacrament des Leibs und Bluts Jesu Christi unseres Erlösers für meine Kinder, Hausgesind und Angehörige* erschien vorsichtshalber ohne Nennung seines Namens. In Frage- und Antwortform setzt sich Kepler hier mit der Bedeutung des Abendmahls auseinander, dem Thema, das zwischen ihm und der württembergischen Amtskirche strittig war. Kepler verteilte diese Schrift unter seinen Freunden und Bekannten, um diesen gegenüber seinen so sehr beargwöhnten Glauben zu erläutern. Ein Exemplar ließ er auch Matthias Hafenreffer in Tübingen zukommen.

Während sich Kepler – zurück in Linz – wieder an die Arbeit an den *Epitome*, den *Ephemeriden* und den *Rudolfinischen Tafeln* machte, wurde in Leonberg die Verleumdungsklage weiterhin verschleppt. Über Anweisungen der Hofkanzlei und des Hofgerichts, den Prozeß endlich anzuberaumen, setzte sich Vogt Einhorn souverän hinweg. Als es im Sommer 1617 einen Schimmer Hoffnung gab, daß das Verfahren bald in Gang käme, beschloß Katharina Kepler – gegen den Rat ihres Sohnes –, Anfang September nach Heumaden zurückzureisen. Kurz zuvor, am 31. Juli 1617, hatten Johannes und Susanna Kepler eine weitere Tochter bekommen, die nach ihrer Großmutter Katharina genannt wurde. Kaum mehr als einen Monat nach Katharinas Geburt starb am 8. September ihre noch nicht dreijährige Schwester Margarethe an, wie Kepler berichtet, Husten, Auszehrung und Epilepsie.[205] Während Kepler noch zögerte, seiner Mutter nach Württemberg nachzureisen, erreichte ihn die Nachricht, daß seine Stieftochter Regina Ehem am 4. Oktober gestorben sei. Philipp Ehem bat Kepler, ihm seine fünfzehnjährige Tochter Susanna für kurze Zeit zu schicken, um Mutterstelle an seinen Kindern zu vertreten. So reiste Johannes Kepler mit seiner Tochter nach Walderbach bei Regensburg und von dort aus alleine weiter nach Württemberg. Bei den Ständen hatte er um die Erlaubnis nachgesucht, eine Reise in die Pfalz unternehmen zu dürfen, um den wahren Grund seiner Reise zu verbergen.[206]

In Württemberg angekommen – pünktlich zur Feier des hundertsten Jahrestages der Reformation –, konnte sich Kepler bald davon überzeugen, daß der Vogt weiterhin alles daransetzte, die Verleumdungsklage seiner Mutter zu verschleppen. Kepler suchte daraufhin seine Mutter zu bereden, wieder mit ihm nach Linz zu reisen, in der Hoffnung, der ganze Fall werde sich daraufhin von selber totlaufen. Doch Katharina Kepler sträubte sich und meinte, das würde ihr wieder als Flucht ausgelegt. Doch auch nachdem Johannes Kepler förmlich die Erlaubnis erhalten hatte, seine Mutter mit sich nach Linz zu nehmen, weigerte sie sich mitzukommen.

Erst am 7. Mai 1618 – Johannes Kepler war seit Weihnachten 1617 wieder in Linz – fand schließlich die schon so oft verschobene Zeugenvernehmung in der Verleumdungsklage Kepler gegen Reinbold statt, die jedoch nicht die erhoffte uneingeschränkte Entlastung brachte. Unterdessen hatte auch Jakob Reinbold – aus Sorge, die Hallersche Seite könnte sich alleine schadlos halten – eine Schadensersatzklage gegen Katharina Kepler angestrengt. Er forderte als Ausgleich für die Erkrankung seiner Frau nicht weniger als 1000 Gulden, eine für damalige Zeiten astronomische Summe. Alles deutete darauf hin, daß man bestrebt war, einen Strafprozeß wegen Hexerei gegen Katharina Kepler auf den Weg zu bringen, wovor Kepler unter anderem von seinem Studienfreund und Anwalt, dem Tübinger Rechtsprofessor Christoph Besold, gewarnt wurde.

Noch während seines Aufenthalts in Württemberg war Kepler nach Tübingen gereist, wo er alte Freunde und Bekannte traf. Kepler selbst berichtet von Treffen mit Michael Mästlin und Matthias Hafenreffer. Mit Mästlin besprach er die Herausgabe der *Rudolfinischen Tafeln*, von Hafenreffer erhoffte er sich Fürsprache beim Stuttgarter Konsistorium in der Frage seines Ausschlusses vom Abendmahl. Sein Weg führte ihn auch nach Nürtingen: *Ich traf in der Stadt Nürtingen auch einen jungen Mann, einen feinen Kopf und großen Freund der Mathematik, Wilhelm Schickard; er ist ein sehr fleißiger Mechaniker und gleichzeitig Kenner der orientalischen Sprachen. Nachdem die häuslichen Angelegenheiten einigermaßen geordnet waren, kehrte ich endlich im Dezember [1617] über Augsburg und Walderbach nach Hause zurück, als die Weihnachtsfeiertage bereits ihren Anfang genommen hatte. Seit dieser Zeit besorgte ich die Herausgabe der Ephemeriden für 1617 mit den Prolegomena [die Ephemeriden für 1617 kamen aus Geldmangel ein Jahr nach den im Herbst 1617*

Wilhelm Schickard (1592–1635), Professor des Hebräischen an der Universität Tübingen

erschienenen Ephemeriden für 1618 heraus[207]*]. Zwischenhinein schaute ich mich nach den Tafeln und dem zweiten Teil der Epitome um. Allein ich hatte mein Töchterchen, das im August geboren wurde (kurz ehe ich ein anderes dreijähriges verlor), bei meiner Rückkehr an Katarrh erkrankt vorgefunden. Die Krankheit nahm schließlich einen traurigen Ausgang [Katharina Kepler starb am 9. Februar 1618]. Ich legte daher die Tafeln beiseite, da sie Ruhe erfordern, und lenkte meinen Geist auf die Vollendung der Harmonie hin.*[208]

An diesem bereits in Graz konzipierten Projekt, das Kepler ganz besonders am Herzen lag, hatte er immer wieder gearbeitet, ohne jedoch die Zeit und Ruhe zu finden, es zum Abschluß zu bringen. Nun benützt Kepler die Harmonielehre quasi als Remedium gegen Niedergeschlagenheit und Melancholie, die ihm nach so vielen Schicksalsschlägen zusetzten, *gibt es doch nichts, was mich im Leben mehr erfreuen könnte*[209]. Kepler hatte bei seinem Besuch in Nürtingen Schickard damit beauftragt, Holzschnitte für die *Harmonices mundi libri V (Fünf Bücher der Weltharmonie)* zu fertigen, was darauf hindeutet, daß die Arbeit daran schon weit fortgeschritten war.

Es waren turbulente Zeiten. Die Spannungen zwischen dem vorwiegend protestantischen Landadel und der böhmischen Obrigkeit hatten zugenommen, als der kinderlose böhmische König und deutsche Kaiser Matthias 1617 seinen Neffen, Erzherzog Ferdinand, zu seinem Nachfol-

Kaiser Matthias, bis 1617 König von Böhmen

Ferdinand, Erzherzog von Kärnten und Steiermark, ab 1617 König von Böhmen, 1619 zum Kaiser gewählt

ger bestimmte und seine Wahl zum böhmischen König durchsetzte. Ferdinands Haltung in Staats- und Kirchenfragen lag offen zutage: Er setzte konsequent auf Rekatholisierung und betrieb mit der Zentralisierung der Staatsorgane die Entmachtung der Stände. Kepler, der in Graz eine Kostprobe von Ferdinands Politik genossen hatte, sah diese Entwicklung mit größter Sorge, wußte er doch, daß das für ihn den Abschied von Linz und die Suche nach einer neuen Stellung bedeuten konnte.

Die Mehrzahl der vorwiegend protestantischen böhmischen Stände konnte sich nicht dazu verstehen, die Wahl des Habsburgers Ferdinand von Steiermark zum böhmischen König abzulehnen. Als Ferdinand dann gewählt war, wurde deutlich, was im Grunde jeder vorher hätte wissen können: Die Stände konnten ihre Forderung nach größerer Machtbefugnis sowenig durchsetzen wie das Recht auf freie Religionsausübung. Ferdinand, unterdessen auch König von Ungarn, wurde von Matthias schließlich auch zu seinem Nachfolger auf dem Kaiserthron bestimmt. Schon 1618 rächte es sich, daß man die protestantische Opposition in Böhmen so völlig übergangen hatte. Anläßlich eines Protestantentages in Prag kam es zu jenem folgenschweren Fenstersturz vom 23. Mai 1618, in dem sich der Unmut der böhmischen Protestanten gegen die in ihren Augen illegitime Gängelung von oben entlud. Welche Sprengkraft dieser zunächst nur lokale Konflikt in sich barg, sollte sich bald zeigen.

Für Kepler waren die Jahre nach 1618 eine Erntezeit. Seine über lange Jahre verfolgten Projekte kamen nach und nach zum Abschluß, die *Epitome astronomiae Copernicanae*, die *Harmonices mundi libri V* und die *Tabulae Rudolphinae*. Insbesondere in den beiden letztgenannten Werken steckte nicht nur jahrelange, sondern jahrzehntelange Arbeit. Mit der *Epitome astronomiae Copernicanae* verfaßte Kepler erstmals ein Lehrbuch der Astronomie, dem das heliozentrische Planetensystem zugrunde lag. Auch wenn Keplers Erforschung und theoretisches Erfassen des Planetensystems Kopernikus' Einsichten weit in den Schatten stellte, hielt sich Kepler bescheiden im Hintergrund – ein Verhalten, das viele spätere Wissenschaftler dazu verleitete, Keplers Leistung verhältnismäßig gering einzuschätzen. Welch ein Unterschied zum Beispiel zu einem Mann wie Galilei, der keine Gelegenheit ausließ, seine Leistungen im schönsten, machmal auch geborgten (um nicht zu sagen gestohlenen) Licht erscheinen zu lassen.

Der Druck der *Epitome* hätte wohl bereits im Frühjahr 1615 begonnen werden können, wenn Kepler das Buch – wie ursprünglich vorgesehen – bei Johann Krüger in Augsburg hätte drucken lassen. Da er aber inzwischen den Drucker Johannes Plank nach Linz gezogen hatte, wollte er den Druck bei ihm in Auftrag geben. Erst nach etlichem Hin und Her kam es zu einer Einigung, sprich einer Entschädigungszahlung Keplers an Krüger. So kam es, daß wahrscheinlich erst Ende 1616 oder Anfang 1617 mit dem Druck der *Epitome* begonnen werden konnte. Keplers dreimonatiger Prag-Aufenthalt im Frühjahr 1617 schlug sich zu seinem Leidwesen in etlichen Fehlern und Mängeln nieder. Im Spätherbst 1617 war der Druck der ersten drei Bücher der *Epitome*, die *Doctrina sphaerica*, weitgehend abgeschlossen, aber erst 1618, nach Keplers Rückkehr aus Württemberg, kamen die ersten drei Bücher der *Epitome* auf den Markt.

Keplers *Epitome* ist angelegt wie ein Katechismus: In Frage- und Antwort-Form wird der Leser zunächst in die sphärische Astronomie (Buch 1–3), dann in die theoretische Astronomie (Buch 4 und 5–7) eingeführt. Kepler beginnt mit den Grundlagen und Hilfsmitteln der sphärischen Astronomie, den Beobachtungsdaten, den Rechenmethoden, den Instrumenten, den Hypothesen und ihren Grundlagen. Auf dieser Basis erklärt Kepler die *figura terrae (Gestalt der Erde)*, die *figura coeli (Gestalt des Himmels)*, die Natur und Höhe der die Erde umgebenden Luft, den Platz der Erde im Weltgefüge und die Ursache der täglichen Bewegung der Erde. Das zweite Buch geht genauer auf die Erdsphäre ein und erklärt die astronomischen Koordinaten (Horizont, Achsen und Pole, Meridiane etc.). Das dritte Buch greift in den Weltraum aus und erläutert die tages- und jahreszeitlich bedingten Veränderungen des Sternenhimmels. Es leitet über zum vierten Buch, in dem mit der *Physica coelestis (Himmelsphysik)* der theoretische Teil der *Epitome* beginnt. Band IV sollte, entgegen ursprünglichen Planungen, erst 1620 erscheinen, und zwar –

«Erkläre, warum sich zur Zeit der Abenddämmerung leuchtende Materie um die Sonne versammelt?» Holzschnitt aus Keplers «Epitome astronomiae Copernicanae»

nach neuerlicher Überarbeitung – separat. Die Bücher V, VI und VII erschienen ein Jahr später bei Gottfried Tampach in Frankfurt.

In der Rückschau erscheint die Verzögerung und Unterbrechung des Drucks der *Epitome* als Glücksfall, konnte Kepler dadurch doch neue Erkenntnisse wie sein drittes Planetengesetz, das er im Rahmen seiner Arbeit an der *Harmonice mundi* gefunden hatte, und die Logarithmenrechnung, mit der er sich erst 1619 eingehender beschäftigte, in das Lehrbuch einarbeiten. So empfiehlt es sich, wieder zur *Harmonice mundi* zurückzukehren, bei der Kepler, wie schon berichtet, nach dem Tod seiner Tochter Katharina Trost suchte.

Als sich Kepler im Frühjahr 1618 wieder der *Harmonice mundi* zuwandte, dürfte sie größtenteils schon formuliert gewesen sein, denn Kepler berichtet, er habe die Arbeit an ihr am 17./27. Mai 1618 vollendet und danach nur noch das fünfte Buch *(während der Druck voranschritt) bis zum 9./19. Februar 1619 noch einmal überprüft*[210]. Diese Überarbeitung war notwendig geworden, weil Kepler am 15. Mai 1618 sein später so genanntes drittes Gesetz gefunden hatte.

Schon lange hatte Kepler nach einer stimmigen Proportion zwischen der Umlaufgeschwindigkeit zweier Planeten und ihrer Sonnendistanz gesucht. Als er sie endlich gefunden hatte, war der Jubel groß: *Jetzt, nachdem vor achtzehn Monaten das erste Morgenlicht, vor drei Monaten der helle Tag, vor ganz wenigen Tagen aber die volle Sonne einer höchst wunderbaren Schau aufgegegangen ist, hält mich nichts mehr zurück. […]*

Wohlan, ich werfe die Würfel und schreibe ein Buch für die Gegenwart oder die Nachwelt. Mir ist es gleich. Es mag hundert Jahre seines Lesers harren, hat doch auch Gott sechstausend Jahre auf den Beschauer gewartet.[211] Soweit Kepler in seiner Vorrede zum fünften Buch der *Weltharmonie.*

In seiner Vorrede zum ersten Buch hatte Kepler erläutert, worauf er seine Weltharmonie gründet: Auf den Kommentar des Proklos Diadochos zu Euklids «Elementen». Diesem Werk entnimmt er auch das Zitat, das er seinem Opus magnum voranstellt: «Für die Betrachtung der Natur leistet die Mathematik den größten Beitrag, indem sie das wohlgeordnete Gefüge der Gedanken enthüllt, nach dem das All gebildet ist [...] und die einfachen Urelemente in ihrem ganzen harmonischen und gleichmäßigen Aufbau darlegt, mit denen auch der ganze Himmel begründet wurde, indem er in seinen einzelnen Teilen die ihm zukommenden Formen annahm.»[212]

Dieses Zitat spiegelt in konzentrierter Form Keplers Anliegen: Die Quantitäten – für ihn das A und O der Schöpfung – in ihren Affinitäten, ihren Relationen, ihren arithmetischen, sphärischen, akustischen, physischen und metaphysischen Erscheinungsformen zu erforschen und zu zeigen, daß der Schöpfung harmonische Proportionen zugrunde liegen. Mit dem Bezug auf Proklos knüpft Kepler an pythagoreische und neuplatonische Traditionen an. *Für die Größen charakteristisch sind Figuration und Proportion, und zwar Figuration für die Größen im einzelnen betrachtet, Proportion in Hinsicht auf ihre gegenseitigen Beziehungen. Die Figuration wird durch Grenzen vollzogen. [...] Was nun begrenzt, umschlossen und figuriert ist, das kann auch durch den Verstand erfaßt werden. Das Unbegrenzte und Unendliche dagegen läßt sich, eben weil es dieser Art ist, in keiner Weise durch die Schranken einer durch Definition zu gewinnenden Erkenntnis oder einer geometrischen Konstruktion einschließen. Die Figuren aber existieren erstlich im Urbild, dann im Einzelwerk, erstlich im göttlichen Geist, dann in den Geschöpfen, zwar in verschiedener Weise je nach dem Subjekt, aber in der gleichen Form ihres Wesens. So wird für die Größen die Figuration eine geistige Wesenheit, ihr wesentlicher Unterschied liegt im Gedanklichen. Das wird viel klarer, wenn man die Proportionen betrachtet. Denn da die Figuration durch mehrere Grenzen vollzogen wird, geschieht es, daß wegen dieser Mehrzahl die Figuration von Proportionen Gebrauch macht. Was aber die Proportion ohne einen Akt des Verstandes sein soll, kann man in keiner Weise einsehen. Wer also den Größen Grenzen als Wesensprinzip zuweist, der gibt damit auch zu, daß die figurierten Größen eine intellektuelle Wesenheit besitzen.*[213]

Ausgangspunkte sind für Kepler der Kreis und die von ihm ableitbaren harmonischen Proportionen. Kepler geht von den ebenen regulären (gleichseitigen, gleichwinkligen, symmetrischen) Figuren aus und untersucht die Gradabstufungen ihrer *Wißbarkeit. Wißbarkeit* meint hier die Möglichkeit, das Verhältnis zwischen Kreisdurchmesser bzw. Radius und

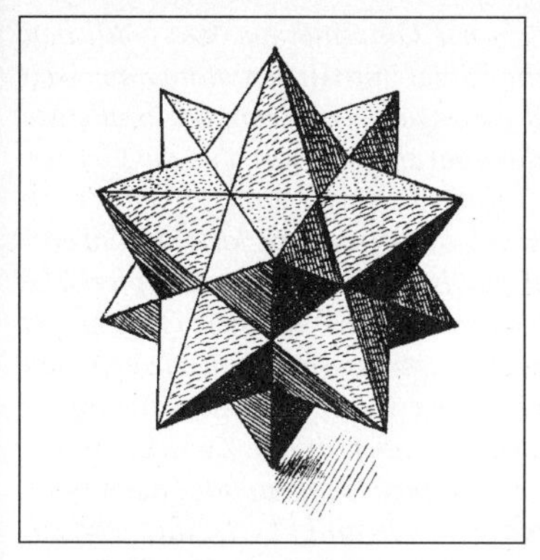
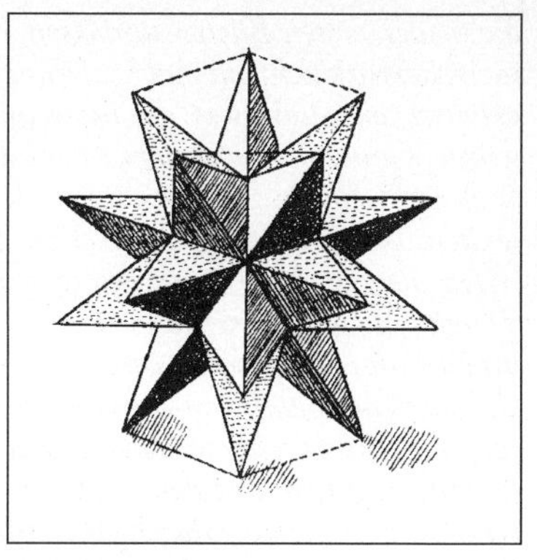

Stern-Dodekaeder und -Ikosaeder aus Keplers «Harmonice mundi»

der Seitenlänge des dem Kreis einzubeschreibenden regulären Polygons bestimmen und damit das Polygon mit Zirkel und Lineal konstruieren zu können.

Im zweiten Buch der *Weltharmonie* beschäftigt sich Kepler mit den Kongruenzen geometrischer Figuren. «Kongruenz» wird hier in einem anderen als dem heute gebräuchlichen Sinne verstanden: Die Rede ist von der Möglichkeit einer flächendeckenden (lückenlosen) Aneinanderreihung regulärer geometrischer Formen. Wie Kepler im ersten Buch der *Weltharmonie* eine Hierarchie der Wißbarkeit regulärer geometrischer Formen aufstellte, entwickelt er im zweiten Buch eine Hierarchie der Vollkommenheit regulärer Kongruenzen, und zwar sowohl ebener als auch räumlicher Kongruenzen. Kepler stellt in diesem Zusammenhang die von ihm neu gefundenen regelmäßigen Sternpolyeder (Stern-Dodekaeder und Stern-Ikosaeder) vor, deren Eigenschaften denen der fünf regelmäßigen Körpern nahekommen.

Das dritte Buch der *Weltharmonie*, das Kepler als das *eigentlich harmonische Buch* bezeichnet, ist dem Vergleich harmonischer Proportionen in Geometrie und Musik gewidmet. Einleitend referiert Kepler ausführlich die Zahlenlehre der Pythagoreer, um anschließend den Ursachen der Konsonanzen nachzugehen. Kepler vergleicht die harmonische Teilung einer Saite mit der Teilung des Kreises durch regelmäßige und kongruente Figuren. Harmonisch sei eine Saitenteilung dann, *wenn die ganze Saite in solche Teile zerlegt wird, die einzeln, unter sich und mit der ganzen konsonieren*[214]. Kepler untersucht nun die einzelnen Teilungsmöglichkeiten und kommt zu dem Schluß: *Die Zahl der harmonischen Teilungen einer Saite ist 7 und nicht größer.*[215]

Wie weit für Kepler der Einfluß der Geometrie reicht, erhellt aus folgendem Zitat: *Die Geometrie nämlich, deren hierher gehörenden Teil die beiden ersten Bücher umfassen, ewig wie Gott und aus dem göttlichen Geist hervorleuchtend, hat [...] Gott die Bilder zur Ausgestaltung der Welt geliefert, auf daß diese die beste und schönste, dem Schöpfer ähnlichste würde. Gottes des Schöpfers Ebenbilder aber sind sie nun alle, die Geister, Seelen, Vernunftwesen, die über ihre Körper gesetzt sind, um diese zu lenken, zu bewegen, zu vergrößern, zu erhalten und auch fortzupflanzen.*

Da also in ihren Verrichtungen in gewisser Weise eine schöpferische Tätigkeit liegt, halten sie auch wie der Schöpfer die gleichen Gesetze bei ihrem Tun ein, Gesetze, die der Geometrie entnommen sind. Sie erfreuen sich an denselben Proportionen, die Gott angewandt hat, wo immer sie sie finden, ob durch reine Vernunftbetrachtung oder durch Zwischenschaltung der Sinne in den den Sinnen unterworfenen Dingen, oder auch ohne schlußweises Denken durch einen verborgenen Instinkt [...]. Alles lebt, solange die Harmonien dauern, alles erschlafft, wenn sie gestört sind.[216]

Diese Gedanken verweisen bereits auf den Exkurs *Über die drei Mittel,* in dem Kepler (in Erwiderung auf Jean Bodins «De republica») am Ende des dritten Buches über harmonische Proportionen in Politik, Gesellschaft und Staat schreibt und auf Buch IV, das von den harmonischen Konfigurationen der Gestirnstrahlen und ihrem Einfluß auf die Erde (bzw. die Erdseele und die Seele der Erdbewohner) handelt.

Im vierten Buch, das meist als astrologisches Buch bezeichnet wird, bezieht sich Kepler auf Proklos' Seelenlehre. Er zitiert aus dem ersten Buch von Proklos' Euklid-Kommentar: «Wenn nun die mathematischen Begriffe nicht durch Abstraktion aus den materiellen Dingen und durch Zusammenfassung dessen, was den Einzeldingen gemeinsam ist, gewonnen werden, überhaupt nicht später als die Sinnendinge sind oder von diesen herrühren, so muß sie die Seele entweder aus sich oder vom Geiste oder zugleich aus sich und vom Geiste haben. [...] Die Seele ist also keine leere Tafel, aller Begriffe bar, sie ist vielmehr immer beschrieben; sie schreibt auf sich selber und wird vom Geist beschrieben. Denn die Seele ist auch selber ein Geist, der sich in Übereinstimmung mit dem Geist, der früher ist als er, tätig rührt; sie ist ein nach außen gesetztes Bild und Gleichnis von diesem.»[217]

Kepler geht nun der *Zahl und Beschaffenheit der Seelenvermögen in bezug auf das Harmonische* nach, bevor er im engeren Sinne zur Astrologie und damit auf die *Ursachen der wirksamen Konfigurationen* (oder Konstellationen) zu sprechen kommt. In diesem Kontext erscheint die Astrologie, so wie Kepler sie sich vorstellt, lediglich als Spezialfall einer größeren harmonischen Ordnung, die – wie hier deutlich wird – steht und fällt mit einem panpsychischen Konzept. Harmonien werden – seien sie Konsonanzen, seien sie Winkel oder Konfigurationen – von den jeweiligen Seelenvermögen erfaßt und gespeichert. Möglich ist dies dank der Affinität und Korrespondenz alles Beseelten, zu dem Kepler auch den Körper der Erde zählt.

Kepler denkt sich das Seelenvermögen in einem Punkt konzentriert, der sich wie Licht nach außen verströmt. *Das oberste Seelenvermögen, das Geist (mens) genannt wird, [...] ist Punkt, insofern es Geist ist; es ist Kreis, insofern es Schlüsse zieht; es ist Abbild, und zwar des göttlichen Antlitzes; es ist Harmonie, insofern es einzige Energie ist; es enthält die mathematischen Ideen und Begriffe durch den Kreis; es gibt diesen und den Harmonien ihr intelligibles Sein.*[218]

Die Seele, der sich die Planetenkonstellationen zur Zeit der Geburt einprägen, wird bei der Wiederkehr vergleichbarer Konstellationen in besonderer Weise angesprochen und aktiviert. *Das alles bewirkt nicht der Himmel selbst unvermittelt, vielmehr behält die Seele, indem sie ihr eigenes Handeln mit den himmlischen Harmonien in Verbindung bringt, die Führung bei diesem sogenannten ‹Einfluß› des Himmels.*[219] Es handelt sich hier also eher um Korrespondenzen und Wechselwirkungen zwischen Beseeltem denn um einseitige Einflußnahme der Gestirne auf den Menschen.

In der Vorrede zum fünften Buch erinnert Kepler an die lange Vorgeschichte seiner *Weltharmonie*, die jetzt mit dem Auffinden des dritten Planetengesetzes ihren krönenden Abschluß gefunden hat. Das fünfte Buch ist sozusagen die Quintessenz der vorausgegangenen Bücher; es kommt zum Kern der Sache selbst, zum Schöpfungsplan der Welt, dem Versuch, die harmonische Organisation des Kosmos zu erweisen. Wieder greift Kepler auf die fünf regulären Körper zurück, untersucht ihre Eigenschaften und Proportionen und leitet daraus unterschiedliche Verwandtschaftsgrade ab. Um die harmonischen Proportionen der Planetenbewegungen zeigen zu können, referiert Kepler die Hauptsätze der Astronomie. In diesem Kontext erscheint das dritte Planetengesetz, das die Umlaufgeschwindigkeit zweier Planeten zu ihrem jeweiligen Sonnenabstand ins Verhältnis setzt ($t^2 : T^2 = r^3 : R^3$): *Am 8. März dieses Jahres 1618, wenn man die genauen Zeitangaben wünscht, ist sie [die Proportion] in meinem Kopf aufgetaucht. Ich hatte aber keine glückliche Hand, als ich sie der Rechnung unterzog, und verwarf sie als falsch. Schließlich kam sie am 15. Mai wieder und besiegte in einem neuen Anlauf die Finsternis meines Geistes, wobei sich zwischen meiner siebzehnjährigen Arbeit an den Tychonischen Beobachtungen und meiner gegenwärtigen Überlegung eine so treffliche Übereinstimmung ergab, daß ich zuerst glaubte, ich hätte geträumt und das Gesuchte in den Beweisunterlagen vorausgesetzt. Allein es ist ganz sicher und stimmt vollkommen, daß die Proportion, die zwischen den Umlaufzeiten irgend zweier Planeten besteht, genau das Anderthalbe der Proportion der mittleren Abstände, d. h. der Bahnen selber, ist, wobei man jedoch beachten muß, daß das arithmetische Mittel zwischen den beiden Durchmessern der Bahnellipse etwas kleiner ist als der längere Durchmesser.*[220]

Die Exzentrizitäten der Planetenbahnen, die zunächst für so viel Irritation gesorgt hatten, sieht Kepler nun, da er die Proportionen kennt, als Quelle kosmischer Polyphonie: Ein fiktiver Beobachter bzw. «Hörer» auf der Sonne könnte die Gesamtheit aller Planeten-«Stimmen» wahrnehmen und im Konzert der wechselnden Akkorde die Schönheit und Harmonie der Schöpfung erfassen. Anders als bei den Pythagoreern, die jedem Planeten nur einen Ton zuordneten, erkennt Kepler in den Exzentrizitäten der Planetenbahnen Tonskalen, die im Zusammenklang wechselnde Melodien und Harmonien ergeben.

Die Sonne ist für Kepler als Zentrum des Kosmos (man erinnere sich: Für Kepler ist die Welt nicht unendlich, und auch die Fixsterne hält er – anders als Giordano Bruno – nicht für unendlich viele Sonnen) der Sitz der Weltseele. So gilt auch ihr der Epilog der Weltharmonie: *Es geht nicht nur von der Sonne als dem Brennpunkt oder Auge der Welt das Licht, als dem Herzen der Welt Leben und Wärme, als der Regiererin und Bewegerin alle Bewegung in die Welt hinaus. Sondern es werden auf der Sonne auch von der ganzen Provinz der Welt nach dem Recht des Königtums gleichsam Abgaben angesammelt, die in einer höchst lieblichen Harmonie bestehen […].*[221] *Wenn es gestattet ist, am Faden der Analogie das Labyrinth der Naturgeheimnisse zu durchstreifen, so dürfte, glaube ich, folgender Schluß nicht abwegig sein: Wie sich die sechs Sphären zu ihrem gemeinsamen Mittelpunkt, d. i. zum Mittelpunkt der ganzen Welt verhalten, so verhält sich auch der diskursive Verstand zur Vernunft […]. Denn wie die Sonne durch die von ihr ausgehende Spezies alle Planeten bewegt, indem sie sich um sich selber dreht, so ruft auch, wie die Philosophen lehren, der Geist die Schlüsse hervor, indem er sich selber und in sich selber alle Dinge erkennt, d. h., indem er seine Einfachheit zu jenen Schlüssen entfaltet und auseinanderzieht, bewirkt er, daß alles erkannt wird.*[222]

Kepler, für den alle Schöpfung auf Selbstentfaltung und Erfüllung ihres Zweckes gerichtet ist – und Zweck heißt für Kepler in erster Linie wahrgenommen werden –, kann sich nicht vorstellen, daß die Sonne und die übrigen Planeten unbewohnt sein sollen. Er fragt: *Wozu diese Anstalt, wenn die Kugel leer ist? Rufen nicht schon die Sinne aus: Hier wohnen feurige Körper, die einfache Geister bergen, und die Sonne ist in Wahrheit zwar nicht die Königin, aber doch wenigstens das Königsschloß des Geistfeuers.*

Ich breche absichtlich den Schlaf und die uferlose Betrachtung ab, indem ich […] mit dem königlichen Psalmist ausrufe: Groß ist unser Herr und groß seine Kraft und seiner Weisheit ist keine Zahl.[223]

Mit einem Lobpreis Gottes beendet Kepler seine *Weltharmonie*, der er noch einen Anhang über Ptolemaios' und Robert Fludds Harmonik beifügt. Gewidmet hat Kepler die *Weltharmonie* Jakob I. von England und Schottland, dem er bereits 1607 sein *De stella nova* geschickt hatte. Jakob war für Kepler ein Hoffnungsträger, von dem er sich die Einigung der christlichen Konfessionen und maßgebenden Einfluß wissenschaftlicher Einsichten auf die praktische Politik versprach – hohe Erwartungen, denen Jakob schwerlich genügen konnte.

Das Jahr 1618, so erfolgreich es zunächst begonnen hatte, war für Kepler überschattet von seinem Konflikt mit der württembergischen Amtskirche. Nachdem er ein Jahr lang vergeblich auf einen Brief Matthias Hafenreffers, den er bei seinem Besuch in Tübingen um Vermittlung beim Stuttgarter Konsistorium gebeten hatte, gewartet hatte, wandte sich Kepler am 28. November 1618 brieflich an seinen früheren Lehrer und Freund mit der Bitte, ihm endlich reinen Wein einzuschenken, was seine Fürsprache in bezug auf Keplers Ausschluß vom Abendmahl habe bewirken können.[224] Hafenreffer läßt sich Zeit mit der Antwort. Nein, Keplers Schluß, sein langes Schweigen bedeute einen abschlägigen Bescheid, sei voreilig und falsch, schreibt er am 17. Februar 1619 (a. St.) an Kepler. Er sei nicht derjenige, der zögere, einem Freund – und sei es auf schmerzhafte Art – den Weg zur Wahrheit zu weisen. So sehr er Kepler in astronomischen Fragen schätze, so sehr müsse er ihm, was theologische Fragen anbelange, sagen: «Hände weg! Hier muß jeder noch so scharfsinnige Kopf zum Toren werden.»[225] Was ihn schmerze, sei Keplers Äußerung, es könne der Kirche in Württemberg ebenso ergehen wie der in Brandenburg, Kurpfalz oder Pfalz-Neuburg, wo der Pfalzgraf – und mit ihm sein Land – zur katholischen Kirche übergetreten war. In Brandenburg und Kurpfalz hatte es eine Konversion zum Calvinismus gegeben.[226] Trotz Hafenreffers Bemühen, seinem Brief einen versöhnlichen Ausklang zu geben («So lebt wohl, der Ihr meinem Herzen bei weitem am teuersten seid [...] und bleibt dem Freunde, der Euch schlägt, gewogen»), brauchte Kepler geraume Zeit, bis er antworten konnte. Er fühlte sich von Hafenreffer mißverstanden – und – von *ihm verurteilt zu werden hieße, zugrunde gehen. Ich beschwöre Euch, laßt ein freundliches, helles Gesicht auf diesen Brief strahlen, damit mein verwundetes Herz, dadurch erwärmt und gestärkt, sich einigermaßen beruhige*[227], schreibt Kepler am 11. April 1619 an Hafenreffer. Er rekapituliert die Ereignisse und bittet Hafenreffer nochmals um Vermittlung in seiner Sache beim Stuttgarter Konsistorium, denn: *Ich darf es nicht dahin kommen lassen, daß ich immer ein lebendiges Ärgernis bin. Vielmehr muß man dem wie auch dem Gerede von mehreren Häresien mit den Mitteln entgegentreten, die meinen Verhältnissen angemessen sind.*[228]

Die Antwort Hafenreffers, datiert vom 31. Juli 1619 (a. St.), enthielt die Bestätigung des Konsistoriumsbescheids vom 25. September 1612 (a. St.). Hafenreffer bittet um Entschuldigung für die Verzögerung der Antwort, die Abstimmung mit Kollegen und Konsistorium habe viel Zeit gekostet. Weder er noch seine Kollegen könnten Keplers «blasphemische Hirngespinste billigen», was dessen Auslegung der Stelle «Und das Wort ist Fleisch geworden» anbelange. «Vielmehr geben wir, zusammen mit dem Stuttgarter Konsistorium, Euch aus Frömmigkeit und christlicher Liebe den Rat, Ihr möget die Eingebungen einer törichten Vernunft verwerfen, die himmlische Wahrheit in wahrem Glauben ergreifen, wie es alle wahren Christen tun, in frommer Unterwerfung anbeten und verehren. [...] Wenn Ihr aber unseren brüderlichen Mahnungen noch länger widerstrebt, sehen wir keine Heilung für die unglückselige Wunde, die Euch durch das Schwert der Torheit der menschlichen Vernunft geschlagen wurde, noch wissen wir, auf welche Weise das Ärgernis für die Kirche geheilt werden könnte. Wer mit der orthodoxen Kirche nicht den gleichen Glauben bekennt und ausübt, wie könnte der mit der Kirche, von der er abweicht, die gleichen Sakramente genießen?»[229] Hafenreffer, der nochmals betont, es handele sich hierbei keineswegs nur um seine Meinung, empfiehlt zum Schluß Keplers «kostbare Seele dem allgegenwärtigen Christus, Eurem Erlöser». Diese für Kepler niederschmetternde Antwort war Hafenreffers letztes Schreiben an ihn; Hafenreffer starb wenig später am 22. Oktober 1619.

Dieser Bescheid bedeutete für Kepler, daß er die Hoffnung, den Zweiflern an seiner Rechtgläubigkeit wirkungsvoll begegnen und den umlaufenden Gerüchten Einhalt gebieten zu können, für immer begraben mußte. Rückblickend sagt Kepler, das Urteil des Konsistoriums habe – nach anfänglicher Niedergeschlagenheit – das Gegenteil des Bezweckten bewirkt: die endgültige Entscheidung, die Unterschrift unter die Konkordienformel zu verweigern. Dies habe ihn des inneren Widerstreits enthoben, der ihn jahrelang quälte. *Inzwischen trage ich diese Ausschließung vom Empfang der Sakramente gelassen als von den Vorstehern aus der Schwachheit ihres Urteilsvermögens verfügt, und ich bin ihnen nicht böse, da sie als private Christen trotzdem eine brüderliche Gesinnung um nichts weniger in Worten bekunden und in Taten ausüben, und es an anderen Geistlichen nicht fehlt, die sich kein Gewissen daraus machen, wenn mir die Kommunion gespendet wird, wenngleich sie von der Verweigerung der Unterschrift wissen.*[230]

Diese Äußerung Keplers entstand im Zusammenhang eines Nachspiels, das die leidige Sache seines Ausschlusses vom Abendmahl 1625 hatte: Im Rahmen der «Acta Mentzeriana» (einer Veröffentlichung, in der es um einen theologischen Streit zwischen der Tübinger theologischen Fakultät und dem Gießener Theologen Balthasar Mentzer ging) veröffentlichten die Tübinger Theologieprofessoren Lucas Osiander und Theodor Thumm besagtes letzes Schreiben Hafenreffers an Kepler (selbstverständlich ungefragt). Kepler, zu diesem Zeitpunkt gerade in Württemberg unterwegs (auch in Tübingen), um Geld für den Druck der *Tabulae Rudolphinae* zu beschaffen, erfuhr dort von der Veröffentlichung des als privat deklarierten Schreibens an ihn und war hell empört, war die Veröffentlichung doch geeignet, ihn vor allen Lesern zum Ketzer zu stempeln. Sogleich verfaßte er seine *Notae ad epistolam D. D. Matthiae Hafenrefferi (Anmerkungen zu einem Brief Matthias*

Hafenreffers), in denen er in aller Offenheit die Geschichte seiner abweichenden Haltung in der Frage der Allgegenwart des Leibes Christi rekapituliert (es wurde oben daraus zitiert). Mit dieser Flucht nach vorne suchte Kepler seine Position zu verdeutlichen und wilden Spekulationen vorzubeugen.

Bereits 1618/19 hatte Kepler – während er noch auf den Bescheid des Konsistoriums wartete – eine Schrift verfaßt, in der er seine Position zu erklären suchte: Das *Glaubensbekandtnus und Ableinung allerhand desthalben entstandener unglücklichen Nachreden*, das Kepler aber erst 1623 ohne Angabe seiner Autorschaft und des Druckortes in einer Auflage von 100 Exemplaren in Straßburg drucken ließ. Kepler schildert darin seine mißliche Lage: Den Geistlichen sei er zu offen zweifelnd, die Weltlichen nähmen seine Gewissenhaftigkeit für Torheit; dem gemeinen Mann sei er zu aufgeblasen, den Gelehrten zu spitzfindig. Ihm sei es immer nur um das eine zu tun gewesen, die Versöhnung des Konfessionshaders. Doch gerade dies war zur fraglichen Zeit wohl nahezu aussichtslos.

Der Krieg, der sich schließlich zu einer dreißig Jahre dauernden Katastrophe auswachsen sollte, zeichnete sich mittlerweile deutlicher ab. Die böhmischen Stände suchten nach Bundesgenossen, die sie in den mährischen, ungarischen, schlesischen, oberösterreichischen und Siebenbürger Ständen finden sollten, und rüsteten zum Marsch auf Wien. Das kommende Unheil hatte, nach zeitgenössischer Ansicht, der Himmel bereits selbst angekündigt: Drei Kometen erschienen am Himmel; der erste Ende August (27.8.1619), der zweite am 20., der dritte am 29. November, so daß die beiden letzteren zeitweise zusammen sichtbar waren. Kepler hatte in seinem *Prognosticum* auf die Jahre 1618/19 vor etlichen Kometen gewarnt, *die nichts guts bedeutten*[231]. Die Kometen von 1618 wurden erneut zum Anlaß für eine sich über Jahre hinziehende Debatte über Ursachen, Beschaffenheit und Bahn der Kometen, an der sich namhafte Astronomen, unter anderem auch Kepler mit der im Frühjahr 1619 verfaßten Schrift *De cometis libelli tres* beteiligte. Um es kurz zu machen: Sie hatten alle unrecht, ob sie nun Galilei, Kepler oder Grassi hießen.

Der Winter 1618/19 bot eine kurze Atempause. Kepler wurde erneut Vater. Sein Sohn Sebald kam am 28. Januar 1619 zur Welt. Kurz darauf überstürzten sich die Ereignisse: Kaiser Matthias, vorher bereits weitgehend entmachtet, starb in Wien am 20. März 1619. Im April marschierte die böhmische Armee unter Heinrich Matthias Graf Thurn in Mähren ein, dessen Stände sich nun den Aufständischen anschlossen. Anfang Juni erschien Thurn mit seiner Armee vor Wien. Wären die Aufständischen entschlossener und ihre Armee besser ausgerüstet gewesen, hätten sie wahrscheinlich eine Chance gehabt, Wien zu nehmen. Doch bei dem Mangel und den Seuchen, die das Heer plagten, blieb nur der Rückzug, zumal kaiserliche Truppen in Südwestböhmen eingefallen waren.

Am 31. Juli 1619 verabschiedeten die Böhmen mit der «Confoderationsakte» eine neue Verfassung, die ein Wahlkönigtum bei weitgehender Autonomie regionaler Republiken vorsah. Kurz darauf erklärten die böhmischen Stände König Ferdinand für abgesetzt. Nachdem man seiner Krönung zwei Jahre zuvor zugestimmt hatte, erinnerte man sich jetzt an Zusagen, die damals übergangen worden waren: das Wahlkönigtum und die freie Bestimmung des Kronanwärters. Jetzt bestimmte man Kurfürst Friedrich von der Pfalz, den Führer der protestantischen Union, zum Kandidaten für die böhmische Königskrone. Damit suchte man den designierten Kaiser Ferdinand in seine Schranken zu weisen, verhärtete aber letztlich die Fronten unwiderruflich.

Ferdinand wurde am 28. August 1619 in Frankfurt am Main zum Kaiser gekrönt. Zwei Tage zuvor hatte Friedrich von der Pfalz – entgegen anderslautendem Rat – seine Wahl zum böhmischen König angenommen. Alle Vermittlungsversuche waren ins Leere gelaufen; auch der einer englischen Gesandtschaft, die Jakob I. unter Leitung Lord Doncasters ins Deutsche Reich geschickt hatte, um zwischen Böhmen und Ferdinand zu vermitteln. Jakob I., dem Kepler am 13. Februar 1619 seine *Harmonice mundi* gewidmet hatte, war der Schwiegervater Friedrichs von der Pfalz und jetzt auch Königs von Böhmen. Als die englische Gesandtschaft, die übrigens weitgehend erfolglos operierte, im Oktober Linz erreichte, stattete der Dichter und Theologe John Donne, der zur Gesandtschaft gehörte, Johannes Kepler einen Besuch ab. Das war am 23. Oktober 1619, wie Kepler in seinem Brief an eine anonyme Frau berichtet.[232] Man kann wohl davon ausgehen, daß John Donne Keplers *De stella nova* und die Debatte um Galileis «Sidereus nuncius» kannte, hatte er doch Kepler in seinem 1611 erschienenen «Conclave Ignatii» («Das Schlafzimmer des Ignatius», gemeint ist Ignatius von Loyola) mit mildem Spott bedacht: «Kepler, hat es sich – wie er von sich selbst bezeugt – seit Tycho Brahes Tod zur Aufgabe gemacht, dafür zu sorgen, daß am Himmel nichts Neues geschehe ohne sein Wissen.»[233]

Ende Juli 1619 war der Druck der *Harmonices mundi libri V* weitgehend abgeschlossen. Es fehlten jedoch noch das Titelblatt und einige Illustrationen von Schickard, die erst im Winter 1619/20 fertiggestellt und im Januar 1620 nachgeliefert wurden.[234] Am 4. August 1619 schrieb Kepler an den Hofarzt Johannes Remus Quietanus in Wien: *Ich bin immer noch in Linz, mehr durch den Zwang der Umstände, als mit Willen, bei den gegenwärtigen Wirren. Ich hoffe, daß ich geborgen bin unter dem Ansehen meiner unschuldigen Studien und, falls etwas passiert, unter der Obhut, die Ihr Eurem Freund in Urania gewährt. Ich könnte mehr wirken; allein die Zeit ist ungünstig.*[235]

Für die Herausgabe seiner Ephemeriden und der *Rudolfinischen Tafeln* beschäftigte sich Kepler 1619 eingehend mit der Logarithmenrechnung John Napiers (Neper), dem er seine Ephemeriden auf 1620 widmete. Keplers Auseinandersetzung mit der Logarithmenrechnung sollte zu einer völligen Umarbeitung des vierten Buchs der *Epitome* und zu einer eigenen Logarithmenschrift (*Chilias logarithmorum*, Marburg 1624) führen.

Die Turbulenzen, die der Tod Kaiser Matthias' und Ferdinands Nachfolge mit sich brachten, gingen auch an Kepler nicht spurlos vorbei, mußte er jetzt doch abwarten, ob er als Kaiserlicher Mathematiker bestätigt werden würde. Ganze zwei Jahre sollten vergehen, bis Kepler seine Bestätigung erhielt. Bei allem, was ihn von Ferdinand trennte, sah Kepler eine schicksalhafte Verschränkung ihrer beider Lebenswege. In seiner *Revolutio anni 1619* schreibt Kepler, die Idee zu seiner *Weltharmonie* sei ihm einen Tag nach Ferdinands 18. Geburtstag, am 19. Juli 1595, gekommen. Er habe sie wieder aufgegriffen, als Ferdinand König von Böhmen geworden, und vollendet, als Ferdinand zum ungarischen König gekrönt worden sei. Schließlich sei Ferdinand nach vollendeter Drucklegung seiner *Harmonice mundi* zum deutschen Kaiser gekrönt worden.[236]

Nachdem das Jahr 1619 vorwiegend im Zeichen der Edition der *Harmonice mundi*, der Beschäftigung mit Napiers Logarithmen und der religiösen Kontroverse mit der württembergischen Amtskirche gestanden hatte, machte sich Kepler nun daran, die Edition seiner *Epitome astronomiae Copernicanae* abzuschließen. Es fehlte noch der theoretische Teil seines Lehrbuchs der kopernikanischen Astronomie, das Keplers umfangreichstes Werk werden sollte, sieht man einmal von den *Rudolfinischen Tafeln* ab. Entgegen seiner ursprünglichen Absicht, den in vier Bücher gegliederten theoretischen Teil der *Epitome* zusammen herauszugeben, entschloß sich Kepler, dem Zwang der Umstände gehorchend, den vierten Band, der mit der *Physica coelestis* das Herzstück der *Epitome* enthielt, gesondert zu veröffentlichen. Der Druck des vierten Bandes war in Linz in vollem Gange, als die Stadt von bayerischen Truppen besetzt wurde: *Inter arma Bavarica, crebrosque morbos et mortes tam militum quam civium (Unter den bayerischen Truppen, zwischen zahlreichen Kranken und Toten sowohl auf seiten des Militärs als auch auf seiten der Zivilbevölkerung)* hätten sie am Druck gearbeitet, schreibt Kepler.[237] Kaiser Ferdinand II. hatte Oberösterreich als Ausgleich für geleistete und noch zu leistende Kriegseinsätze an Herzog Maximilian von Bayern verpfändet, der nun danach trachtete, sich vor Ort schadlos zu halten.

Als Kepler kurz danach – wahrscheinlich in der zweiten Augusthälfte – die Nachricht erreichte, seine Mutter sei am Morgen des 7. August in Heumaden bei Stuttgart (bei ihrer Tochter Margarete) verhaftet worden, zeichnete sich ab, daß er den Druck der *Epitome* unterbrechen mußte, wollte er seiner Mutter zu Hilfe kommen. Sein alter Freund, der Tübinger Rechtsprofessor Christoph Besold, der Kepler bereits im Juni 1619 gewarnt hatte, die Gegenpartei lege es darauf an, den Zivilprozeß gegen seine Mutter in einen Strafprozeß umzuwandeln[238], bat Kepler inständig, zur Verteidigung seiner Mutter nach Württemberg zu reisen. «Komm Du selbst, mein Johannes, und versuche mit allen reichen Mitteln Deines Geistes Deine unglückliche Mutter vor Folterqualen und dem möglichen, ja wahrscheinlichen Flammentode zu retten. Meine Macht ist durch die Hilfe erschöpft, die ich der würdigen Frau Wellinger konnte angedeihen lassen [Frau Wellinger war dank Besolds Einsatz von der Anklage der Hexerei freigesprochen worden]. Außerdem bin ich jetzt in diesem Lande kein sehr beliebter Mann; man schielt auf meinen Umgang mit einigen Vätern der Gesellschaft Jesu und hat die Reinheit meines protestantischen Glaubens stark in Verdacht, und in der Tat, mein verehrter Jugendfreund, möchte ich lieber ein Mitglied der heiligen Mutterkirche sein, deren uralte Bräuche schon wegen ihres Alters ehrwürdig sind, als mitten unter diesen zankenden, haarspaltenden Protestanten stehen, die, wie bissige Hunde wegen eines Knochens, sich gegenseitig ankläffen wegen eines Buchstabens in der Lutherischen Bibelübersetzung. Ist das die Reinigung des Christentums, die Verbesserung der Religion, von der man uns so pomphaft vorgesprochen? O mein Freund, mein Bruder, der Friede wohnt in meinem Herzen nicht, der Glaube, in dem man mich erzogen, scheint mir ein ekles, schales Formenwesen; aber Deine Liebe, Du Guter, Du Trefflicher, wird und kann mich nicht täuschen! Komm zu mir, eile, eile; auch Deine unglückliche Mutter bedarf Deiner, aber sicherlich nicht mehr als Dein leidender Freund Besold.»[239]

Fürs erste schrieb Kepler an Herzog Johann Friedrich von Württemberg und bat ihn, das Verfahren so lange auszusetzen, bis er, der durch die Kriegswirren am Reisen gehindert sei, nach Württemberg kommen könne.[240] Dieser Bitte wurde nicht stattgegeben. Statt dessen wurde am 4. September 1620, am selben Tag, an dem in Stuttgart das Placet dazu gegeben wurde, die Klage wegen Hexerei gegen Katharina Kepler erhoben. Der Zivilprozeß, in dem die Reinboldsche Seite Schadenersatz für die Erkrankung Ursula Reinbolds forderte, ging daneben weiter.

Auf Antrag von Christoph Kepler (der vor Jahren der Anlaß zum Streit zwischen Katharina Kepler und Ursula Reinbold gewesen war) wurde das Verfahren gegen Katharina Kepler nach Güglingen transferiert. Christoph Kepler fürchtete den Hohn und den Spott seiner Mitbürger. Gegen den Widerstand seiner Geschwister, die um die Beschädigung ihres Rufs ebenso bangten wie um die Schmälerung ihres Erbteils durch die Prozeßkosten, bestand Johannes Kepler darauf, das Verfahren schriftlich durchzuführen; dies dauerte zwar länger, gewährleistete aber immerhin einen einigermaßen fairen Prozeßverlauf.[241]

Kepler, dem Henry Wotton – als Reaktion auf die Widmung der *Weltharmonie* – kurz vor seiner Abreise nach Württemberg noch eine Einladung Jakobs I. nach England übermittelt hatte, brach in der zweiten Septemberhälfte zusammen mit seiner Familie, die in Regensburg blieb, und seinem Gehilfen Jean Gringallet (Janus Gringalletus) auf. Gringallet sollte unterwegs Papier kaufen und anschließend ein Ölgemälde Keplers zu Bernegger nach Straßburg bringen (s. S. 2). Vorsichtig wie Kepler geworden war, weihte er Gringallet nicht in den Zweck seiner Reise ein. An Bernegger (der Gringallet an Kepler empfohlen hatte) schrieb er aus Ingolstadt: *Ich bin daran zu überlegen, wie ich eine Lebensbeschreibung von mir, worum Ihr mich gebeten habt, anfangen kann; sie soll das enthalten, was für die Leute wissenswert und für mich rühmlich, für meine Freunde schließlich erfreulich ist. Inzwischen schicke ich Euch mein Bild.*[242] Aus dem Projekt wurde nichts.

Am 28. September 1620 traf Kepler in Güglingen ein.[243] Es häufen sich nun die Eingaben Keplers um Beschleunigung des Verfahrens und um erträgliche und preiswerte Haftbedingungen für seine Mutter. Im Oktober schreibt er an Johann Friedrich Herzog von Württemberg. *Weil dan der Herr Fürstl. Anwalt, Vogt zu Güglingen dilation biss auff nechsten Gerichtstag begehrt und erhalten, unter des aber die arme gefangene sich der Kelt und trostlosen einsamkhait halben auffs höchst beclagt und umb Gottes Willen nur in eine stuben Iro verhülfflich zu sein gebetten: als gelangt an E. F. Gn. ferners mein unterthäniges flehenliches bitten, die gerhuehen (angesehen das sie kheins Wegs einiger ybelthat yberwisen, hohes 73 Järigen alters und baufellig, auch wegen der angedroeten peinlichen frag, ungehindert Irer Unschuld, allain von etlicher fürgangner exempel wegen, allerdings erschreckht und bekümmert), bey dem Vogt zu Güglingen dise gnädige Verfüegung zuthun, das derselbe Sie biss auff fernere Verordnung in des Statknechts und Gerichtsdieners Hauss und Stuben alda transferiren, weil zu Güglingen sonst khain Ort hierzu zufinden, und auff Ihren aignen so geringen Uncosten als müglich (weil es Ires weiblichen sexus und alters halben yberflüssiger hüetter nit bedürffen würt) verwahren lasse. E. F. Gn. thuen hieran ein löblich Werckh der Barmhertzigkhaitt.*[244] Ferner bittet Kepler erneut und erneut vergeblich um Abschriften *anlangend die gegen meiner Mutter fürgenommene inquisition, Verhafftung und Peinliche clag*. Katharina Kepler, die zuvor in einem nicht heizbaren Kerker verwahrt worden war, wurde daraufhin in einem heizbaren Raum des Stadttores angekettet und von zwei «Hütern» bewacht. Die ausführenden Organe sträubten sich gegen die erbetene Abschaffung des zweiten Wächters. Erst Keplers wiederholte Eingabe, in der er darauf hinwies, daß die «Hüter» verschuldet seien und sich auf Kosten seiner Mutter schadlos hielten, ließ die Stuttgarter Behörde zu einem wirkungsvollen Mittel greifen: Sie ordnete anteilige Übernahme der Haftkosten durch die Stadt Güglingen an, mit promptem Erfolg.

Unterdessen hatten kaiserliche Truppen in der Schlacht am Weißen Berg (8. 11. 1620) den böhmischen Aufstand niedergeschlagen und den großen Krieg damit erst richtig angefacht. Mit diesem Sieg begann der Höhenflug des Mannes, der Keplers letzter Arbeitgeber werden sollte: Albrecht von Waldstein, besser bekannt als Wallenstein. Zum Krieg hatte Kepler in seinem Prognosticum auf das Jahr 1620 geschrieben *das dieser Lauff der Natur gar nicht dahin geordnet / daß er einen Krieg anfähen solle / die Menschen selber fahen jhne an / ohne zwang vom Himmel. Wann aber schon ein Krieg entstanden / oder wann schon zuvor Ursachen in der Menschen Köpffen stecken / da mißbrauchen sie sich dieser verborgenen Himmlischen Erfrischungen und Antriebe jhrer Natur / zu jhrem bösen Fürhaben / nicht anderst als wie das hailsame Tagliecht / die annemliche Sommerzeit / daß Fewer / Eisen / Pulver / Bech / etc. sich müssen mißbrauchen lassen / Quia creatura vanitati subjecta est, & servituti corruptionis [Weil die Kreatur der Nichtigkeit und der Dienstbarkeit des Verderbens unterworfen ist].*[245]

In den Pausen, die der Prozeß ihm ließ, kümmerte sich Kepler um die Drucklegung der verbleibenden Bücher V–VII seiner *Epitome astronomiae Copernicanae.* Die Verhandlungen mit verschiedenen Verlegern zogen sich hin und führten erst 1621 zum Abschluß mit dem Frankfurter Verleger Gottfried Tampach, der auch die von Kepler kommentierte Neuauflage des *Mysterium cosmographicum* besorgen wollte. Ende 1620 reiste Kepler nach Tübingen, wo er, der gerade das sechste Buch der *Epitome* überarbeitete, vor allem Fragen der Mondtheorie mit Michael Mästlin besprach.

Im Januar machte sich Kepler nach Regensburg auf, wo er die ersten Monate des Jahres 1621 bei seiner Familie verbrachte. Seine Frau hatte am 22. Januar 1621 die Tochter Cordula zur Welt gebracht. Sie war das vierte Kind aus Keplers zweiter Ehe, insgesamt gesehen das neunte Kind; von ihren Geschwistern waren aber nur noch ihr Bruder Sebald (*1619) und die Geschwister aus Keplers erster Ehe, Susanna (*1602) und Ludwig (*1607), am Leben. An Bernegger schrieb Kepler am 5./15. Februar 1621: *Ich bin nach Regensburg zurückgekehrt, bis wohin mich meine Familie begleitet hatte, und habe daselbst Euren Brief vorgefunden. Ihr habt mir wirklich recht freundlich und aufmerksam Eure Gastfreundschaft angeboten. Allein ein mehr als grausames Geschick gestattete mir keinen Waffenstillstand. Es droht den Meinigen zwar keine Gefahr für Leib und Leben und die Wolke über unserem guten Ruf wird von der hellstrahlenden Wahrheit zerteilt werden. Allein das bißchen Vermögen geht völlig drauf; auch kann der Prozeß immer noch nicht beendigt werden.*[246]

Auch in Regensburg war Kepler rastlos tätig. Er überarbeitete das sechste Buch seiner *Epitome* und stellte Beobachtungen zur Tag- und Nachtgleiche an.[247] Da er wegen der Kriegswirren und seiner Abreise von Linz die Ephemeriden für 1621 nicht hatte herausgeben können, entschloß sich Kepler, wenigstens einen Teil der herausragenden Konstellationen zu veröffentlichen. Diese Auswahl erschien im April 1621 in Ulm und war Herzog Johann Friedrich von Württemberg gewidmet. In seinem *Astronomischen Bericht von zweyen im abgelauffenen 1620. Jahr gesehenen großen und seltzamen Mondsfinsternussen* schildert Kepler seine

KEPPLERI quæ nomen habet, cur peccat imago?
Quæ tanto errori caussa subesse potest?
Scilicet est, TERRÆ, KEPPLERI regula, CVRSVS:
Per vim hic sculptoris traxerat erro manum.
Terra utinam nunquam currat, semperq; quiescat:
Quô sic KEPPLERI peccet imago minus.
Th. Lans.

Johannes Kepler. Stich von Jakob van der Heyden, 1620.
Gedicht von Thomas Lansius

Beobachtung der Mondfinsternisse des Jahres 1620 und geht auf die am 21. Mai 1621 bevorstehende Sonnenfinsternis ein.

Anfang Mai reiste Kepler wieder nach Tübingen, um seine Überarbeitung des Mondkapitels des sechsten Buchs der *Epitome* mit Michael Mästlin zu besprechen. Kepler genoß den Austausch mit seinem Lehrer, den er so lange entbehrt hatte. Unterdessen hatte Matthias Bernegger in Straßburg einen Stich nach dem Bild, das Kepler ihm nach Straßburg geschickt hatte, machen lassen. Der beauftragte Künstler Jakob van der Heyden ‹verbesserte› Keplers Porträt dergestalt, daß sich Keplers

Freunde einig waren, es habe wenig Ähnlichkeit mit dem Vorbild.[248] Thomas Lansius faßte diesen Eindruck in folgendem Epigramm zusammen:

«Keplers Namen, ihn trägt das Bild, das gänzlich verfehlt ist.
Aber sagt mir, warum so sich der Künstler geirrt?
Schuld ist der Erde Lauf, sie bewegt sich nach Keplerscher Regel,
Führt mit des Umschwungs Gewalt fort auch die bildende Hand!
Liefe die Erde nicht um und bliebe immer in Ruhe
Nicht so übel verzerrt wäre das Keplersche Bild!»[249]

Ende Mai war Kepler wieder in Stuttgart. In einem Schreiben an Herzog Johann Friedrich bat er darum, den Fürstlichen Kanzleiadvokaten Hieronymus Gabelkofer zu zügiger Bearbeitung der Verteidigungsschrift anzuhalten, die der Anwalt seiner Mutter bereits am 7. Mai eingereicht habe. Das Verfahren gehe jetzt schon in den zehnten Monat, und er werde immer nur auf baldige Erledigung vertröstet. Dieselbe Bitte noch einmal dringlicher, viel dringlicher am 10. Juni 1621, worauf schließlich der Bescheid erging: «Hieronymus Gabelkofer, Cantzley Advocat, Wolle mit vorhabender schrifft, hierinn vermelden Peinlichen Process, sich da es sein kan, in Zeit 14 tagen allso befürdern, damit die sach derenmahln eins Ihr endtschafft erreichen: und die Fürstl: Cantzley derentwegen ferner uhnbehelligt unnd uhnuberloffen verbleiben möge.[...] Stuetg, denn 11 Junij Anno 1621.»[250] Man war der ständigen Eingaben Keplers müde.

Keplers Mutter, der Verzweiflung nahe, wollte nur noch, daß ihre Haft ein Ende habe, wie auch immer. Der Fürstliche Kanzleisekretär Gabelkofer, der dem Güglinger Vogt auf dessen Wunsch zur Seite gestellt worden war, da sich dieser den juristisch beschlagenen Anwälten Katharina Keplers nicht gewachsen sah, mußte auf die Defensionsschrift hin einige Anklagepunkte, die einer kritischen Prüfung nicht standhielten, fallen lassen. Übrig blieben Katharina Keplers Bestechungsversuch, die Krankheitssymptome, die einige Kläger Katharina Kepler anlasteten, und ihr angeblich verderblicher Einfluß auf Tiere.[251] Am 11. Juli 1621 legte die Anklage die Deduktions- und Konfutationsschrift vor[252], über die am 20. August in Güglingen verhandelt wurde. Das Protokoll vermerkt: «Die Verhafftin erscheint leider mit Beystandt Ihres Herrn Sohns Johann Kepplers Mathematici.»[253]

Bereits am 22. August 1621 übergab die Verteidigung ihre Konklusionsschrift, die zusammen mit den übrigen Akten der juristischen Fakultät der Universität Tübingen zur Begutachtung übergeben wurde. Diese entschied am 10. September 1621 – damaligen Rechtsgepflogenheiten entsprechend – auf «Territio», die drastische (aber nicht handgreifliche) Androhung der Folter durch den Henker und zwar am Ort des grausigen Geschehens, in der Folterkammer.[254] Am Morgen des 28. September 1621 wurde Katharina Kepler der Territio unterzogen. Sie blieb in dieser wahrhaft schrecklichen Situation standhaft bei ihrer Aussage, sie sei nicht die Ursache der ihr zu Last gelegten Krankheitsfälle. Man mache mit ihr, was immer man wolle, sie könne nichts anderes bekennen.[255] Damit hatte sie sich von den gegen sie erhobenen Vorwürfen «purgiert» und wurde vom Herzog am 3. Oktober 1621 freigesprochen. Doch mit der Verkündigung des Urteils ließ sich der Vogt wiederum Zeit; erst die Drohung, er müsse – verkünde er nicht umgehend das Urteil – alle ab dem 7. Oktober anfallenden Haftkosten aus eigener Tasche bezahlen, setzte Katharina Kepler umgehend auf freien Fuß.[256] Der Leonberger Vogt wurde daraufhin in Stuttgart vorstellig mit der Forderung, Katharina Kepler die Rückkehr nach Leonberg zu verbieten, da man nicht wissen könne, welchen Schaden sie dort noch anrichten und welchen Aufruhr ihre Rückkehr auslösen werde. Die Gerichtskosten wurden zu 30 Gulden Christoph Kepler, zu 10 Gulden dem Glaser Jakob Reinbold und zu 40 Gulden der Stadt Leonberg auferlegt.[257] Die Zivilklagen blieben weiterhin anhängig, sollten jedoch nach Tübingen oder Cannstatt transferiert werden. Doch bevor es dazu kam, starb Katharina Kepler am 13. April 1622.

Doch zurück in den Sommer 1621. Im Juni reiste Kepler in einer Prozeßpause nach Frankfurt am Main, um den Druck der Bücher V bis VII seiner *Epitome* zu überwachen. Buch V handelt von den exzentrischen Kreisen oder der Planetentheorie, Buch VI von den scheinbaren Planetenbewegungen und den Einflüssen, die auf die Planeten wirken, vom Mond und von den Mond- und Sonnenfinsternissen. Buch VII bringt schließlich einen Vergleich zwischen der herkömmlichen und der kopernikanischen (bzw. Keplerschen) Planetentheorie.

Auch Keplers *Mysterium cosmographicum* brachte Tampach zur Buchmesse 1621 in einer von Kepler kommentierten Neuauflage heraus. Kepler hatte den Weg des Kommentierens gewählt aus Zuneigung und historischer Treue zu seinem Erstlingswerk: Eine Überarbeitung hätte zu viele Eingriffe erfordert, wollte er seinen inzwischen beträchtlich angewachsenen Kenntnisstand einbringen. Franz Hammer (der Herausgeber der zweiten Auflage des *Mysterium cosmographicum* in «Keplers Gesammelten Werken») vermutet, Kepler habe die Anmerkungen zur Neuauflage in kurzer Zeit in Frankfurt am Main verfaßt, wahrscheinlich in der Woche zwischen dem 13./23. und dem 20./30. Juni 1621, dem Datum des Vorwortes.[258] Gegen diese Annahme spricht, daß Kepler bereits im März 1619 an Peter Crüger schrieb, er habe sein *Mysterium cosmographicum* samt Anhang nach Frankfurt geschickt.[259] Eine Neuauflage des *Mysterium cosmographicum* kam für Kepler tatsächlich erst in Frage, nachdem er in seiner *Harmonice mundi* umfassendere Antworten auf seine alten Fragen gefunden hatte.

Die selbstkritische Offenheit, mit der Kepler manchen jugendlichen Irrtum, der ihm in seinem Erstlingswerk unterlaufen war, kommentierte, sucht noch heute ihresgleichen. Das reicht von *O Weh! bös daneben ge-*

griffen! über *Als ich den folgenden Satz «In allen diesen Dingen usw.» schrieb, muß ich geschlafen haben* bis hin zu *lächerlich der Satz, der mir da entschlüpft ist.*[260] Kepler hatte zu seinen Irrtümern ein ebenso entspanntes wie produktives Verhältnis. Auch wenn er grundlegende Veränderungen vornahm, wie etwa das Ersetzen der *anima motrix (bewegender Geist der Sonne)* durch den physikalischen Kraft-Begriff, konnte er schreiben: *Es bereitet mir Vergnügen, die ersten Versuche zu meinen Entdeckungen vor mir zu sehen, auch wenn sie in die Irre gingen.*[261]

Auf Drängen seines Verlegers Gottfried Tampach verfaßte Kepler in Frankfurt noch *Pro suo opere harmonice mundi apologia (Verteidigung seines Werkes Die Weltharmonie),* eine Antwort auf Angriffe des englischen Alchimisten Robert Fludd. Diese Schrift wurde zusammen mit der Neuauflage des *Mysterium cosmographicum* vertrieben. Im Juli besuchte Kepler von Frankfurt aus Landgraf Philipp II. von Hessen in Butzbach. Philipp II. war sehr an Astronomie interessiert und besaß ausgezeichnete astronomische Instrumente, mit denen er Beobachtungen anstellte.

Spätestens im August dürfte Kepler nach Württemberg zurückgekehrt sein zur letzten Runde des Prozesses gegen seine Mutter. Nachdem im Oktober schließlich der Freispruch erwirkt worden war, ließ Kepler sich von der württembergischen Staatskanzlei eine Bestätigung ausfertigen, daß er wegen einer «schweren Rechtfertigung» seiner Mutter seinen Aufenthalt in Württemberg bis dato 4. Oktober 1621 habe verlängern müssen.[262] Anschließend reiste Kepler über Regensburg, wo er zunächst noch seine Familie zurückließ, weiter nach Linz.

Unterdessen war in Österreich eine Intrige gesponnen worden, deren Zweck es war, die Tychonischen Beobachtungen in den Besitz der Societas Jesu zu bringen. Treibende Kraft war der Jesuitenpater, Mathematiker und Astronom Christoph Scheiner, als sein williges Sprachrohr fungierte Erzherzog Leopold von Tirol. Scheiner brachte es – möglicherweise weil Brahes Schwiegersohn Franz Tengnagel Keplers Reise nach Württemberg publik gemacht und Sorge um den Nachlaß Tycho Brahes geäußert hatte – dahin, daß Kepler verdächtigt wurde, Tychos Beobachtungen unrechtmäßigerweise nach Württemberg «entführt» zu haben. Man schaltete gar den Kaiser ein, der dem württembergischen Herzog schrieb, er möge von Kepler die Herausgabe der Braheschen Beobachtungen verlangen. Kurz darauf ließ Scheiner Tengnagel wissen, der Kaiser habe nichts gegen eine Schenkung der Tychonischen Beobachtungen an die Jesuiten.[263] Dies war jedoch gar nicht im Sinne Tengnagels: Er teilte Scheiner lakonisch mit, er habe nicht vor, die Beobachtungen Tycho Brahes wegzuschenken. Dem Kaiser gegenüber verwies er auf den Vertrag zwischen Johannes Kepler und den Erben Brahes. Am 20. Dezember 1621 wandte sich Kepler, der möglicherweise nicht zu Unrecht vermutete, Tengnagel selbst habe die ganze Sache erst ins Rollen gebracht[264], an Tengnagel mit der Nachricht, er habe die Tychonischen Beobachtungen in einer besonderen Truhe im Ständehaus in Linz hinterlegt und nach seiner Rückkehr wieder an sich genommen. Von einer Vertragsverletzung seinerseits könne keine Rede sein.[265] Angesichts dieser Lage der Dinge konnte Scheiner nichts weiter ausrichten, und die Sache verlief im Sande.

Auch in Linz kochte die Gerüchteküche. Kepler schrieb am 15. Juli 1622 an Johann Seussius (kurfürstlich sächsischer Sekretär in Dresden): *Es ist unglaublich, mit welchen Folterqualen mein armer Ruf gemartert worden ist während meiner einjährigen Abwesenheit in Württemberg, fern von der Familie in Regensburg. Ich bitte Euch, lieber Freund, mir durch Aufzählung dessen, was zu Euren Ohren gedrungen ist, eine Möglichkeit zur Aufdeckung der Makel zu eröffnen, wo vielleicht ein solcher hängen geblieben ist.*[266] Was Gerede auszulösen imstande war, wußte Kepler unterdessen nur allzu gut. Offenbar ging die Sage, Kepler habe sich durch schwärmerische Tendenzen den Zorn des Kaisers zugezogen. Da Kepler entflohen sei, habe der Kaiser eine Prämie auf seinen Kopf ausgesetzt.[267] Halb entschuldigend fügte Kepler hinzu, schließlich habe er kaum jemandem in Linz den wahren Grund seiner Abwesenheit anvertraut. Nach all dem Gerede dürfte es manchen erstaunt haben, daß Ferdinand II. Johannes Kepler in seinem Amt als Kaiserlicher Mathematiker bestätigte.

Kepler erfuhr von seiner Bestätigung erst nach seiner Rückkehr nach Linz. Dort begann er, noch unter dem Eindruck des Hexenprozesses stehend, seinen *Mondtraum* zu kommentieren. Es war Kepler darum zu tun, die Schilderung magischer Praktiken, die seine Mutter, alias Fiolxhilde, in einem zweifelhaften Licht erscheinen ließ, zu entmystifizieren; er tat dies, indem er alle Quellen seiner Inspiration offenlegte. Damit wollte Kepler wenigstens nachträglich gutmachen, was er zuvor leichtfertig mit ins Rollen gebracht hatte – das Gerede über seine Mutter.[268] Der *Mondtraum* sollte Kepler noch jahrelang beschäftigen. Er dachte daran, ihm eine Übersetzung von Plutarchs «De facie in orbe Lunae» beizugeben, und spielte, nachdem er 1623 kreisförmige Wälle auf dem Mond entdeckt hatte, die er für Städte hielt, mit dem Gedanken, das Ganze zu einer Utopie auszuarbeiten. *Campanella schrieb einen «Sonnenstaat». Wie, wenn ich einen «Mondstaat» schriebe? Wäre es nicht ausgezeichnet, die zyklopischen Sitten unserer Zeit in lebhaften Farben zu schildern, dabei aber der Vorsicht halber die Erde zu verlassen und auf den Mond zu gehen? Doch was wird eine solche Flucht nützen? Waren doch auch Morus in «Utopia» und Erasmus im «Lob der Torheit» nicht sicher, so daß sich beide verteidigen mußten. Lassen wir daher lieber dieses Pech der Politik beiseite und bleiben wir auf den lieblichen Auen der Philosophie.*[269]

Im Winter 1621/22 verfaßte Kepler die schon erwähnte *Chilias logarithmorum (Reihe der Logarithmen)*, eine Modifikation der Napierschen

Logarithmen, als Vorarbeit für die *Rudolfinischen Tafeln*. Die Schrift, die Kepler später noch um ein *Supplementum* ergänzte, sollte jedoch erst 1624 erscheinen. Keplers Arbeit galt jetzt in erster Linie der Fertigstellung der *Rudolfinischen Tafeln*, dem Werk, das ihn seit Tycho Brahes Tod 1601 beschäftigt hielt. Die gigantische Rechenarbeit, die dafür erforderlich war, läßt sich allenfalls erahnen. Kepler mußte aus Tychos Beobachtungsdaten die genauen Planetenörter errechnen. Zwar hatte Kepler gelegentlich Hilfe, doch die Hauptlast der Arbeit lag zweifellos auf ihm. Schon im Februar 1619 hatte er in seinem Brief an Vincenzo Bianchi geklagt: *Ich bitte Euch, meine Freunde, verurteilt mich nicht ganz zur Tretmühle mathematischer Rechnungen und laßt mir Zeit zu philosophischen Spekulationen, die meine einzige Wonne sind. Daß mir manche wegen der Verzögerung der Rudolfinischen Tafeln zürnen, habe ich in der Vorrede zum V. Buch der Harmonie nicht verhehlt; […] Die Tafeln enthalten aber auch selber in sich Ursachen für die Verzögerung. Von der Schwierigkeit will ich nicht reden. Die bereits fertige Form der Rechnung muß mit den Logarithmen gänzlich umgearbeitet werden, damit ein anderer nach mir bei Verwendung meiner Grundlagen diese bequemere Methode in neuen Tafeln benutzen kann.*[270] Keplers Freund, Wilhelm Schickard, mittlerweile Professor für Hebräisch und Orientalistik in Tübingen, konstruierte damals gerade die erste Rechenmaschine, doch diese kam für Keplers Zwecke zu spät.

Unterdessen gingen die konfessionellen Grabenkämpfe weiter. Ironischerweise traf es in Linz jetzt ausgerechnet Pfarrer Hitzler, der Kepler vom Abendmahl ausgeschlossen hatte: Er war im Sommer 1621 unter dem Verdacht calvinistischer Schwärmerei verhaftet und kurz darauf von seinem Amt suspendiert worden.[271] Dies war der erste spektakuläre Schritt der Gegenreformation in Linz, die jetzt auch in Oberösterreich an Boden zu gewinnen begann.

Es waren schlechte Zeiten. In fast allen Briefen Keplers ist die Rede von Teuerung und Mangel. Krieg, Gegenreformation, Konfessionsstreit – vor diesem Hintergrund arbeitete Kepler an seinen *Rudolfinischen Tafeln*. Die Erscheinungsformen der Gegenreformation – Verbot evangelischer Schulen, evangelischer Religionsausübung, Vertreibung der Prediger, dann aller Protestanten – kannte Kepler schon aus Graz. Er sollte sie in Linz und schließlich auch noch in Sagan erneut erleben. Als Hofbeamter genoß Kepler jedoch eine Ausnahmestellung und konnte, wie er selber sagt, fast als einziger Protestant in Linz relativ unbehelligt seiner Arbeit nachgehen.[272] Die anderen Protestanten gerieten unterdessen zunehmend in Bedrängnis, wollten sie nicht zum Katholizismus konvertieren. In dieser durch Glaubenskämpfe aufgeheizten Situation entschloß sich Kepler, sein 1618 verfaßtes *Glaubensbekenntnis* doch noch drucken zu lassen. Es erschien 1623 anonym in Straßburg.

Anfang 1623 wurde Kepler Vater eines weiteren Sohns – Friedmar

Keplers (*24. 1. 1623) – und veröffentlichte den *Discurs von der großen Conjunction oder Zusammenkunft Saturni und Jovis im Fewrigen Zaichen deß Löwen, so da geschicht im Monat Julio deß 1623. Jahrs* (Linz 1623), dem er ein Prognosticum für das Jahr 1623 beifügte. Diese Schrift erfuhr im selben Jahr eine Neuauflage in Nürnberg. Mit seinem Kalender und Prognosticum auf 1624 hatte Kepler dagegen weniger Glück: Die Schrift, die er den steirischen Ständen zugeeignet hatte, wurde im Dezember 1623 von aufgebrachten Grazer Bürgern öffentlich verbrannt. Der Grund war nichtig: Kepler hatte es gewagt, das Land Oberösterreich, in dem er lebte, im Titelblatt vor der Steiermark zu erwähnen. Um Kepler den erlittenen Verlust zu ersetzen, bewilligten ihm die Grazer Stände eine Verehrung von 300 Gulden für die Widmung der zweiten Auflage seines *Mysterium cosmographicum*.[273]

Das Jahr 1623 stand ganz im Zeichen der Arbeit an den *Rudolfinischen Tafeln*. Getrübt wurde sie durch den Tod von Keplers vierjährigem Söhnchen Sebald am 15. Juni 1623. Mit den *Tabulae Rudolphinae* brachte Kepler nicht nur aktuelle Planetentafeln heraus, die auf Tychos für damalige Zeiten einmalig exakten Beobachtungen basierten, sondern erstmals einen Korpus von Planetentafeln, dem ausschließlich das heliozentrische Planetenmodell zugrunde lag. Die zuvor gebräuchlichen Tafeln, die im 13. Jahrhundert auf Veranlassung Alfons X. von Kastilien erstellten «Alfonsinischen Planetentafeln», aber auch die 1551 von Erasmus Reinhold auf der Basis von Kopernikus' Beobachtungsdaten erarbeiteten «Prutenischen Tafeln» erlaubten keine genauen Prognosen, was für die Seefahrer ebenso mißlich war wie für die Astronomen und Astrologen. So wartete die Fachwelt schon geraume Zeit gespannt auf das Erscheinen der *Rudolfinischen Tafeln*.

Am 28. März 1624 schreibt Kepler an Paul Guldin, die *Tabulae Rudolphinae* seien druckfertig, und am 10./20. Mai an Bernegger: *Die Rudolphinischen Tafeln, die ich von Tycho Brahe als Vater empfangen habe, habe ich nun ganze 22 Jahre in mir getragen und gebildet, wie sich allmächlich die Frucht im Mutterleibe bildet. Nun quälen mich die Geburtswehen. Glaubt mir, daß ich im eigentlichen Sinn rede*.[274] Er fragt Bernegger um Rat, wo er die *Rudolfinischen Tafeln* am besten drucken lassen solle. Der Druck erfordere seine ständige Anwesenheit, so daß die Drucklegung in Österreich am einfachsten wäre. Denn drucke er die *Rudolfinischen Tafeln* anderswo, müsse er sich entweder von seiner Familie oder seine Familie sich von Linz trennen. Außerdem bliebe ihm dann letztlich nur die Wahl zwischen einem Ort *vastatus an vastandus (der bereits verwüstet ist oder erst noch daran kommen wird)*[275].

Nun, da Kepler endlich die Arbeit an den *Rudolfinischen Tafeln* abgeschlossen hatte, blieben ihm zwei unangenehme Aufgaben zu erledigen: sich mit den Erben Tycho Brahes ins Benehmen zu setzen und in Wien Geld für den Druck der Tafeln aufzutreiben.

Eine weitere kam hinzu: Kepler sah sich durch seinen jesuitischen Gönner am Wiener Kaiserhof, Paul Guldin, gedrängt, eine Erwiderung auf Scipio Chiaramontis «Anti-Tycho» zu verfassen. Chiaramontis «Anti-Tycho», der gegen die von der römischen Jesuiten-Hochschule herausgegebene Schrift «Über die drei Kometen des Jahres 1618» Stellung bezog, war bereits 1621 erschienen und bis dato unerwidert geblieben.[276] Mit seinem *Tychonis Brahei Dani hyperaspistes adversus Scipionis Claramontii Anti-Tychonem (Verteidiger des Dänen Tycho Brahe gegen Scipio Chiaramontis Anti-Tycho)* meldete sich Kepler ein letztes Mal in der Kometendebatte zu Wort. Der *Hyperaspistes* ist kein Ruhmesblatt für Kepler, verstieg er sich doch in seiner Erwiderung auf Chiaramontis Schrift, die er für das Elaborat eines ebenso ehrgeizigen wie ruhmsüchtigen jungen Wissenschaftlers hielt, zu oberlehrerhafter bis sarkastischer Herablassung. Erst nachdem sein *Hyperaspistes* 1625 in Frankfurt erschienen war, erreichte Kepler die Kunde, daß es sich bei Chiaramonti keineswegs um einen jugendlichen Heißsporn, sondern um einen betagten Senator und Professor der Philosophie handelte, was ihn sehr beschämte.[277]

Kurz nachdem Kepler am 2. Oktober 1624 bei den oberösterreichischen Ständen um die Bewilligung einer Reise nach Wien eingekommen war[278], um dort über die Finanzierung des Drucks der *Rudolfinischen Tafeln* zu verhandeln, verfügte Ferdinand II. per Erlaß vom 4. Oktober 1624 die Abschaffung aller nicht-katholischen Prediger und Schulen.[279] Ob Kepler von dieser Verschärfung der Situation noch vor seiner Abreise nach Wien erfuhr, ist ungewiß.

Johannes Kepler, der bis Anfang Januar 1625 in Wien bleiben sollte, berichtete Bernegger, welche Vereinbarung er für die Drucklegung der *Tabulae Rudolphinae* aushandeln konnte. Die Alternative war, *der Kaiser sollte mir entweder mit seiner Freigebigkeit unter die Arme greifen oder mir mein Guthaben von Rudolph her anweisen. Ich erlangte die Zustimmung des Kaisers zu dem letzteren Vorschlag, der mir lieber ist. So wird also ein Teil der Kosten von Memmingen und Kempten bezahlt.*[280] Einen weiteren, doppelt so hohen Anteil (von 4000 Gulden) sollte die Stadt Nürnberg beisteuern. Als Kepler die notwendigen Anweisungen für das Reichspfennigamt in Augsburg erhalten hatte, reiste er nach Linz ab. Da Kepler in finanziellen Belangen Kummer gewöhnt war, fühlte er vorsichtshalber bei dem Nürnberger Gesandten am Kaiserhof vor, wie man seinen Ansprüchen gegenüberstehe. Ablehnend, wurde ihm beschieden. Erst als er sich weiterer Unterstützung seitens des kaiserlichen Hofes versichert hatte, brach Kepler am 15. April 1625, kurz nachdem seine Frau am 6. April einen weiteren Sohn – Hildebert – geboren hatte, von Linz nach Augsburg auf.

Dort angekommen, stellte sich heraus, daß Keplers Anweisungen unvollständig waren. Dies hieß wochenlanges Warten, da die Papiere nach

Wien zurückgesandt werden mußten. An Guldin berichtete er: *Inzwischen unternahm ich die Reise nach Kempten und Memmingen. Da ich nach Vorweisung des kaiserlichen Auftrags diese Städte zum Zahlen bereit fand, machte ich mich im Vertrauen auf das zu erwartende Geld daran, mit den Papierfabrikanten zu verhandeln und mich um Papier umzusehen. Das Geldgeschäft konnte jedoch nicht erledigt werden, solange die Anweisung in Augsburg nicht ausgestellt war. Um die übrige Zeit gut und ohne Unkosten zu verbringen, begab ich mich zur Kur und zur Heilung eines sehr lästigen Ausschlags, den ich in Wien bekommen hatte, zu meiner Schwester, die in der Nähe von Göppingen wohnt, wo ich den Sauerbrunnen gebrauchen konnte. […] Als ich sah, daß meine Hoffnung, von Augsburg in Bälde die Wiener Antwort zu erhalten, enttäuscht wurde, brach ich die Kur ab und begab mich nach Erbach bei Ulm zu dem Vizekanzler des Reichs, dem Herrn von Ulm. Ich erzählte ihm mein Mißgeschick und bewog ihn, an den Präsidenten der Hofkammer zu schreiben, um durch seine Vermittlung die fortwährende Verzögerung zu beseitigen.*[281]

Anschließend reiste Kepler nach Tübingen, von wo er am 30. Juni 1625 an Bernegger schrieb: *In der Zwischenzeit habe ich nach Tübingen in die Studierstube Mästlins eine Versammlung aller Mathematiker einberufen, die sich seit 2000 Jahren hervortaten und die in Zukunft auftreten werden. Für sie ist es leichter zu erscheinen und auch zuzustimmen, als für die mit uns Lebenden.*[282]

Am 24. Juli 1625 erhielt Kepler in Ulm schließlich die erforderlichen Unterlagen und reiste von dort nach Kempten und Memmingen, wo er das ihm zustehende Geld jedoch stehen ließ und das Papier für den Druck der *Rudolfinischen Tafeln* aus eigener Tasche bezahlte. Anfang August brach Kepler nach Nürnberg auf, wo ihn eine herbe Enttäuschung erwartete. Zwar waren seine Papiere jetzt in Ordnung, und es lag ein kaiserlicher Befehl auf bedingungslose Auszahlung der ihm angewiesenen Summe vor, allein Albrecht von Wallenstein, Herzog von Friedland, des Kaisers Generalissimus, hatte die Stadt gerade gründlich geschröpft: Nicht weniger als 100 000 Gulden hatte er den Nürnbergern abgenommen, so daß für Kepler und die *Rudolfinischen Tafeln* nichts mehr übrig blieb. *Es ist ein ganz merkwürdiges Schicksal, durch das ich immerfort aufgehalten werde. Immer neue Zwischenfälle treten auf, ganz ohne meine Schuld*[283], sollte Kepler nach weiteren Zwischenfällen schreiben.

Wallenstein hatte den winters in Wien weilenden Kepler durch Mittelsmänner bitten lassen, sein Horoskop (das Kepler ihm bereits 1608 gestellt hatte) zu revidieren.[284] Kepler erfüllte diesen Wunsch mit dem traurigen Erfolg, daß kein Geld hereinkam und ihn der Auftraggeber, dessen Identität Kepler aller Geheimniskrämerei zum Trotz bekannt war, wiederum durch Mittelsmänner wissen ließ, der Herr wünsche detailliertere Aussagen und weitere Prognosen[285], welches Ansinnen

Albrecht von Wallenstein. Kupferstich von P. Isselburg, 1625

Kepler im November 1625 mit einem geharnischten Brief quittierte. Detailliertere Auskünfte und weiter in die Zukunft reichende Prognosen könne er nicht geben, Geld für seine Ausarbeitung habe er auch noch keines gesehen, statt dessen aber dank Wallensteins Fischzug in Nürnberg beim Eintreiben des Geldes für den Druck der *Tabulae Rudolphinae* das Nachsehen gehabt. Wenn Wallenstein – als Ausgleich für diesen Verlust – etwas für ihn tun wolle, möge er ihn beim Kaiser für ein Jahr losbitten.[286]

Kepler mußte also Nürnberg unverrichteter Dinge verlassen und die Heimreise antreten. Das eingekaufte Papier ließ er aber in Ulm zurück und machte auch keine Anstalten, es nach Linz schaffen zu lassen, was möglicherweise dafür spricht, daß Kepler im stillen hoffte, die *Tabulae Rudolphinae* doch noch in Ulm drucken zu können. In Linz hatte sich die Lage unterdessen verschärft: Den Linzer Buchhändlern waren im Frühjahr alle nicht-katholischen Bücher konfisziert worden.[287] Der nächste Schlag kam knapp zwei Monate nach Keplers Rückkehr: Am 20. Oktober 1625 verfügte Kaiser Ferdinand II. im sogenannten Reformationspatent, daß jeglicher evangelische Gottesdienst und Unterricht verboten sei und alle, die sich nicht zum katholischen Glauben bekehren wollten, bis Ostern 1626 das Land zu verlassen hätten. Kepler und seine Mitarbeiter waren von dieser Verfügung ausgenommen.

Gleichwohl nahmen die Pressionen zu. Bald nach Erlaß des Reformationspatents begann man damit, die Bücher der Ständehausbewohner zu versiegeln. Kepler, der seit kurzem auch dort wohnte, kam am 1. Januar 1626 an die Reihe. An Paul Guldin berichtet er am 7. Februar 1626, seine Bibliothek sei ihm, mit Ausnahme weniger Bücher, die er für seine Arbeit brauche, versiegelt worden. Um seine Bücher *wieder zu bekommen, ist als Bedingung angesetzt, ich solle selber die auswählen, die auszuliefern sind, d. h., die Hündin soll eines von ihren Jungen preisgeben. Wahrlich, das Mal einer solchen Sklaverei brennt! Drum will ich lieber als Zuschauer dabei sein und Rede stehen, wenn sie selber die Bücher verlesen. Da ich nur wenige Bücher habe, so ist fast keines darunter, mit dem mir nicht zugleich ein Teil der Früchte meiner Studien genommen würde, wegen der verschiedenen Merkzeichen, die ich darin angebracht, und der Bemerkungen, die ich hineingeschrieben habe.*[288] Guldin erhörte die indirekte Bitte und setzte sich dafür ein, daß Kepler wenigstens nachts Zugang zu seinen Büchern gewährt wurde.

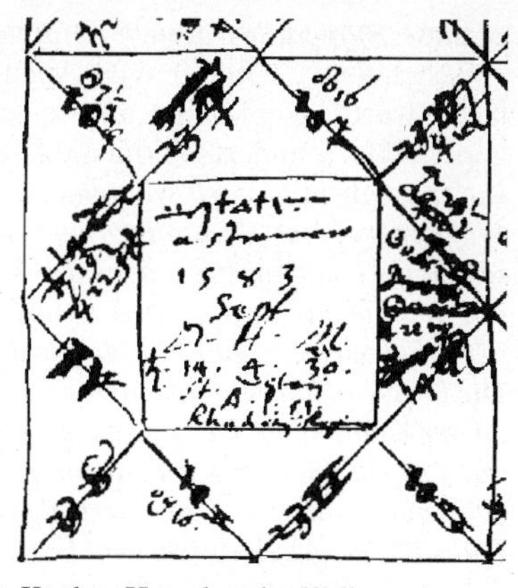
Keplers Horoskop für Wallenstein

Das Reformationspatent vom Oktober 1625 brachte den Unmut der oberösterreichischen Landbevölkerung zum Überkochen: Hatte sie schon seit Jahren unter den wachsenden Steuerforderungen des bayerischen Kurfürsten gelitten, gab nun die religiöse Reglementierung den Ausschlag zum Aufstand, der anfangs überaus erfolgreich verlief. Die Linzer Bevölkerung hatte wegen des Bauernaufstandes zunächst die Einquartierung von Soldaten und im Sommer 1626 eine zweimonatige Belagerung zu erdulden. Am 1. Mai 1626 schrieb Kepler an Peter Crüger, durch das strenge Vorgehen der Reformationskommission sei das Oberste zu unterst gekehrt worden. *Seit ich nun zurückgekehrt bin, tue ich alles, um zur Herausgabe der Tafeln zu kommen. Nachdem ich ein Drittel der Kosten erhalten und in Kempten angelegt habe, bestreite ich die Kosten nun aus meinem Vermögen und meinem Einkommen in diesem Land. Allein es ist eine recht schwierige Sache, die ich jetzt unternehme.[…] Ich werde Zahlentabellen drucken, mit meinen eigenen Typen, mit denen ich die Ephemeriden vor vier Jahren gedruckt habe. Doch bin ich fortwährend in Unruhe wegen meines Druckers, der zwar im Hinblick auf mein Werk Aufenthaltserlaubnis erhalten hat, jedoch unter den Belästigungen durch die Soldaten, die er zu verköstigen hat, leidet. Da er ein Haus besitzt, muß er diese Bürgerlast tragen.*[289] Dramatisch wurde die Situation, als Linz zwischen dem 24. Juni und 29. August 1626 von den Aufständischen belagert wurde. Kepler, der nach eigener Aussage wenigstens nicht hungern mußte, schildert Guldin die Ereignisse nach überstandener Gefahr: *Ihr fragt mich, was ich während der langen Belagerung getrieben habe. Fragt zuerst, was ich inmitten von Soldaten habe treiben können. Es erschien als eine Wohltat seitens der Verordneten, als ich vor einem Jahr in das Ständehaus einzog. Die Ungunst der Zeit brachte mich jedoch fast zu der Überzeugung, daß dies das schlimme Werk eines bösen Geistes war. Die übrigen Häuser nahmen nur wenig Soldaten auf. Das Ständehaus liegt an der Stadtmauer. Die ganze Zeit waren alle Soldaten auf die Schutzwehren verteilt. Eine ganze Fahnenkohorte setzte sich in unser Haus. Fortwährend wurde das Ohr durch den Geschützlärm, die Nase durch üble Dünste, das Auge durch den Feuerschein angegriffen. Man mußte alle Türen für die Soldaten offenhalten, die durch ihr Hin- und Hergehen bei Nacht den Schlaf, bei Tag die Studien störten. [...] In diesen schlimmen Zuständen habe ich mich daran gemacht, gegen Scaliger dasselbe zu unternehmen, was unsere Besatzung gegen die Bauern unternahm. Ich habe eine stattliche Abhandlung über die Epochen verfaßt.*[290]

Im Verlauf der Belagerung ging Johannes Planks Haus und Druckerei in der Linzer Vorstadt in Flammen auf. Daraufhin war – auch wenn Manuskript und Typen gerettet werden konnten – an einen Druck der Tafeln in Linz nicht mehr zu denken. Sobald die Belagerung gelockert wurde, schickte Kepler eine Eingabe an den Wiener Hof, in der er um die Erlaubnis nachsuchte, nach Ulm reisen und dort die *Rudolfinischen Tafeln* drucken zu dürfen. Dieser Bitte wurde am 8. Oktober entsprochen. Nachdem er bei den Ständen am 4. November um Anweisung von ausstehendem Lohn nachgesucht hatte[291], brach Kepler seine Zelte in Linz ab und verließ die Stadt am 20. November 1626 *mit Frau, Kindern, Büchern und allem Hausrat*[292], blieb aber weiterhin bestallter Landschaftsmathematiker der Stände von Österreich ob der Enns.

Ulm und Sagan: Auf der Flucht vor Krieg und Gegenreformation

Von Ulm aus, wo er am 10. Dezember 1626 ankam und Wohnung bei dem Stadtarzt Gregor Horst nahm, berichtet Kepler an Bernegger: *Die Frau mit drei Kindern [Cordula, Friedmar und Hildebert; Ludwig Kepler war inzwischen Student in Tübingen, Susanna ging nach Butzbach zu einem Bekannten Keplers und später nach Baden-Durlach in die Dienste der Markgräfin] ließ ich in Regensburg im Eis zurück; ich selber kam mit einem Wagen, auf dem ich die Zahlentypen und das Tafelwerk mitführte, in Ulm an. Hier wird nun bereits auf meine Kosten gedruckt, aber zu doppelt so hohem Preis, als ich in Linz vermutet habe. Gebe Gott, daß ich nicht mitten in der Arbeit erliege.*[293] Mit anderen Worten, aller günstigen Bedingungen zum Trotz – der Hilfe seines Freundes, des Ulmer Rektors Johann Baptist Hebenstreit, der Unterkunft in dem in unmittelbarer Nähe der Druckerei gelegenen Haus des Arztes Gregor Horst – ergaben sich bald Differenzen mit dem Drucker Jonas Saur. Kepler hatte den Eindruck, Saur wolle sich wegen drückender Schulden an ihm schadlos halten. Er sei mit Saur an einen *barschen, stolzen, verschwenderischen und ungestümen Menschen geraten,* klagt Kepler in einem Brief an Schickard in Tübingen.[294]

Auch während des Setzens und Druckens dürfte es zu Spannungen gekommen sein, mußte Kepler doch wegen der Unübersichtlichkeit seiner Vorlagen und der erforderlichen Präzision der Wiedergabe bei Satz und Druck ständig anwesend sein. Da Kepler fürchtete, die Differenzen könnten sich zu einem Prozeß auswachsen und zu einer Unterbrechung des Druckens führen, erwog er, den Druck der Tafeln in Tübingen beim Drucker Werlin fortzuführen. Niedergeschlagen von all diesen Sorgen wollte sich Kepler Rat bei seinem Freund Schickard in Tübingen holen. Ende Januar 1627 machte er sich zu Fuß auf den Weg nach Tübingen, weil ihm Geschwüre weder eine Reise zu Pferd noch in der Kutsche erlaubten. *Allein mein Vorhaben war vergebens. Kaum hatte ich Blaubeuren erreicht, da erkannte ich, daß ich umkehren müsse; ich hatte die Reise und meine Kräfte kennen gelernt, auch drohte eine Schneeschmelze.*[295] So fragt Kepler nun brieflich nach, wie es mit einem Druck der *Tabulae Rudolphinae* in Tübingen stünde.

Allen Ängsten zum Trotz gelang es schließlich doch, den Streit mit Saur beizulegen und den Druck in Ulm fortzusetzen. Der Druck mußte zügig vonstatten gehen, wollte Kepler das fertige Werk im Herbst auf der Frankfurter Buchmesse präsentieren. In einem Brief an Schickard berichtet Kepler von einer wöchentlichen Arbeitsleistung von 4 Blatt entsprechend 8 Seiten.[296] Gedruckt wurden zunächst die Zahlentafeln, damit in die ihnen vorangestellten, etwa ebenso umfangreichen *Praecepta (Anwendungshinweise)* die entsprechenden Seitenverweise eingefügt werden konnten. Da sich die Tabellen nicht immer lückenlos ins Druckseitenformat fügten, waren ständige improvisierende Eingriffe ins Manuskript erforderlich: Hier mußte etwas gekürzt, dort etwas hinzugefügt oder umgestellt werden, um die Seite voll auszunutzen.

Auch von Ulm aus holte sich Kepler Rat bei seinem Straßburger Freund Bernegger. Was sollte er nach dem Erscheinen der *Tabulae Rudolphinae* tun? *Wenn die Rudolphinischen Tafeln herausgegeben sind, wünsche ich mir einen Ort, wo ich bei einigem Zulauf von Hörern darüber unterrichten kann, wenn es möglich ist in Deutschland, wenn nicht, in Italien, Frankreich, Belgien oder England, wenn nur für den Fremdling ein entsprechendes Gehalt zur Verfügung steht.*[297] Der Gedanke, sich beurlauben zu lassen und Vorträge über die *Rudolfinischen Tafeln*, gegebenenfalls auch über Astrologie zu halten, war Keplers imaginärer Fluchtpunkt.[298] Noch wollte er nicht über eine Beendigung seines Hofdienstes nachdenken.

Während Kepler in Ulm noch am Druck der *Tabulae Rudolphinae* arbeitete, entwarf er für den Senat von Ulm den sogenannten Ulmer Kessel, ein Gefäß, das – zur Eichung bestimmt – die Maßeinheiten von Gewicht, Hohl- und Längenmaß miteinander verband.

Unterdessen gingen die Auseinandersetzungen mit den Brahe-Erben um Titel und Widmung der Tafeln weiter. Auch das Frontispiz gab Anlaß zu Debatten. Die Erben bemängelten u. a. das Fehlen einer Erläuterung der allegorischen Darstellung. Kepler bewegte daraufhin seinen Freund, den Rektor des Ulmer Gymnasiums Johann Baptist Hebenstreit, ein «Idyllion» in Hexametern zu verfassen. Den zwölf Tempelsäulen (sichtbar sind nur zehn) entsprechen die zwölf Häuser des Tierkreises. Die Säulen stehen, wie Kepler in einer Randnote vermerkt[299], für die astronomischen Beobachtungen namenloser und namhafter Astronomen. Angefangen von rohen Baumstämmen im Hintergrund über Quader- und Ziegelsteinsäulen (Aratus, Hipparchus, Ptolemaios, Meton) bis zu den monolithisch gemeißelten Säulen, die für Kopernikus (dorisch) und Brahe (korinthisch) stehen und an die sich die Beobachtungen Regiomontanus' und Walthers anlehnen, spiegelt sich in diesen Stützen der Astronomie der Fortschritt der Beobachtungskunst und Wissenschaft von den Sternen. Die jeweiligen Beobachtungsinstrumente hängen an den vorderen, Hipparch, Ptolemaios, Kopernikus und Brahe zugeordne-

Frontispiz
der «Tabulae
Rudolphinae»

ten Säulen. Ein Phryge, der im Hintergrund die Sterne über den Daumen anpeilt, vertritt die astronomische Vorzeit. Tycho Brahe zeigt zur Tempeldecke, auf der sein geoheliozentrisches Planetenmodell abgebildet ist, und richtet an Kopernikus die Frage «Quid si sic?» («Was, wenn es so wäre?»).

Jeder Teil hat seine Bedeutung: Der Sockel, in dem Kepler (neben der Insel Hven und einer Druckerpresse) abgebildet ist, wie er das krönende Dach des Tempels der Astronomie konstruiert, der Tempelraum, die Dachkonstruktion, die – an den Ecken von Repräsentantinnen von Wissensgebieten, die für die Astronomie grundlegend sind (von rechts nach links: Magnetica, Stathmica, Doctrina Triangulorum, Logarithmica, Optica, Physica – und unsichtbar – Geographia, Hydrographia, Computus, Chronologia, Mensoria altitudinem, Geometria figurata et harmonica und Archetypica) gesäumt – von Urania, der Muse der Astronomie, gekrönt wird. Der darüber schwebende Reichsadler läßt sein Zepter und zahlreiche Goldstücke fallen, die, einem Sternenregen gleich, auf die Astronomen, die Drucker und Johannes Kepler herniederregnen – ein Traum von reichem Lohn nach getaner Arbeit.

In dieser allegorischen Skizze bündelt sich Keplers Bewußtsein von der eigenen bahnbrechenden Leistung ebenso wie sein Wissen darum, was er seinen Vorgängern verdankt. Aus heutiger Sicht steht dieser Tempel für eine Astronomie im Übergang von antikem Denken und Renaissance-Symbolik zu physikalischer Welterklärung.

In seinem Vorwort gibt Kepler einen Abriß der Geschichte der Astronomie, in dem er deren Fortschritte mit dem Prozeß des Erwachsenwerdens vergleicht: Aus der Astrologie hervorgegangen, durchlebt die Astronomie in Griechenland ihre Kindheit, unter Ptolemaios in Ägypten ihre Jugend, in Afrika eine Zeit der Sklaverei; schließlich kehrt sie – zusammen mit der Astrologie – nach Europa zurück, erreicht mit der Herausgabe der «Alphonsinischen Tafeln» in Spanien das Erwachsenenalter und mit den physikalisch begründeten *Rudolfinischen Tafeln* das Alter der Reife.[300] Damit entwickelte Kepler einen Gedanken, der sich erst gut hundert Jahre später zu der Idee des wissenschaftlichen Fortschritts auswachsen und unter dieser Bezeichnung Karriere machen sollte.

Praecepta und Tabellen der *Rudolfinischen Tafeln* gliedern sich in vier Teile:

1. Hilfstafeln (Logarithmen-, Winkel-, Zeit- und Ortstafeln);
2. Grundtafeln (sie vergleichen die Bewegungen der fünf Planeten Saturn, Jupiter, Mars, Venus und Merkur von der Sonne und der Erde aus gesehen);
3. Abgeleitete Tafeln (sie verzeichnen die Sonnen- und Mondfinsternisse und herausragende Planetenkonstellationen);
4. Zusatztafeln (Fixsternkatalog und Refraktionstabelle).[301]

Hinzugefügt wurden später eine Weltkarte, die sogenannte *Sportula* (Spende), eine Anwendungsanleitung für Astrologen und eine Fehlerliste. Als Musterbeispiel für den Gebrauch der Tafeln führte Kepler die Planetenkonstellation zur Geburtszeit Kaiser Rudolfs II. an – und verrechnete sich ausgerechnet an dieser prominenten Stelle. Spätere Überprüfungen bescheinigten Kepler jedoch große editorische Sorgfalt und Rechengenauigkeit.[302]

Im 15. Kapitel der *Praecepta* schreibt Kepler: *Die astronomische Wissenschaft läuft darauf hinaus, Licht in die Ungleichheit der scheinbaren Bewegungen und ihre Ursachen zu bringen und die Gesetze der Rechnung so zu fassen, daß aus den Grundannahmen bewiesen werden kann, daß, was zu irgendeiner Zeit in Erscheinung trat, notwendig so erscheinen mußte, und daß künftige Erscheinungen aus demselben Kalkül vorauszusagen sind. Die Ungleichheit der scheinbaren Bewegungen kann aber nicht anders wahrgenommen oder berechnet werden als durch Vergleich mit etwas, was sich gleich bleibt.*[303]

Die Druckarbeiten in Ulm kamen Anfang September 1627 zum Abschluß. Am 15. September reiste Kepler mit einigen Exemplaren, denen noch das – nicht rechtzeitig gelieferte – Frontispiz fehlte, in Gesellschaft Ulmer Kaufleute zur Herbstmesse nach Frankfurt. Dort angekommen, ließ er die Tafeln registrieren und deren Preis – nach Einholung verschiedener Gutachten – auf drei Gulden festsetzen (die Ausgabe, die auf besserem Papier gedruckt war, kostete 40 Kreuzer mehr).

Kaum war Kepler die Last der Vollendung dieses Jahrhundertwerkes abgenommen, mußte er sich wieder der Frage stellen, wie es weitergehen sollte. Die Lage in Oberösterreich hatte sich aufgrund immer schärferer (Gegen-)Reformationsedikte dermaßen zugespitzt[304], daß ihm eine Rückkehr nach Linz als nahezu ausgeschlossen erschien. Nachdem die Universitäten Straßburg und Basel nicht auf sein Angebot, Vorlesungen über seine Tafeln zu halten, eingegangen waren, schwebte Kepler jetzt die Herausgabe der Tychonischen Beobachtungen vor. An Bernegger schreibt er aus Frankfurt: *Wegen des Drucks der tychonischen Beobachtungen schaue ich mich nach einer Gelegenheit um, im oberen Deutschland meinen Aufenthalt nehmen zu können, zumal da alle Evangelischen aus Österreich vertrieben werden. Ich fürchte daher, daß auch ich den Verbannten beigesellt werde und die Vergünstigung verliere, die ich bisher genoß.*[305] Und knapp zwei Monate später aus Ulm: *Ich habe mich entschlossen, um einen zweijährigen Urlaub vom Hof nachzusuchen, um zwecks Herausgabe der tychonischen Beobachtungen in der Nähe von Frankfurt weilen zu können.*[306] Kepler war nach Abschluß der Frankfurter Messe einer Einladung Landgraf Philipps II. von Hessen-Butzbach gefolgt, der ihn, der nach einem neuen Wirkungsfeld Ausschau hielt, an seinen Neffen, den Landgrafen Georg II. von Hessen-Darmstadt, empfahl. An Georg II. richtete Kepler – nach seiner Rückkehr nach Ulm im November 1627 – ein Memorial, in dem er ihn für sein Projekt, die Beobachtungen Tycho Brahes herauszugeben, zu gewinnen suchte. Er würde den Kaiser bitten, ihn für eine gewisse Zeit zu beurlauben, was unschwer möglich sein dürfte, habe Ferdinand II. doch erst kürzlich die Vertreibung der noch in Österreich verbliebenen Protestanten angeordnet, *und achte Ich mich alberaitt sovil als abgedanckt, so wol zu Hoff, als auch bey der ObderEnsischen Landschafft, Darff mich aber doch noch nitt offentlich dises annemen, noch vermerckhen lassen*[307].

Georg II. von Hessen-Darmstadt stellte Kepler die Unterstützung seines Projektes und als Arbeits- und Aufenthaltsort Marburg in Aussicht. Die Übersiedlung nach Marburg kam aber doch nicht zustande, da Hessen *jetziger Zeitt mit Kriegsvolckh belegt*[308] war. Auch täuschte sich Kepler in der Annahme, er sei bereits so gut wie entlassen.

Von Ulm aus reiste Kepler Ende November über Dillingen, wo er den

Jesuitenpater Albert Kurz besuchte, mit dem er sich während seiner Ulmer Zeit wiederholt ausgetauscht hatte, weiter nach Regensburg zu seiner Familie. Seine Frau hatte unterdessen einem weiteren Kind das Leben geschenkt, dessen Name und Geburtsdatum jedoch unbekannt sind. Noch vor Weihnachten machte sich Kepler auf den Weg nach Prag, wo er Kaiser Ferdinand II. seine *Tabulae Rudolphinae* überreichen wollte. Der kaiserliche Hof hielt sich damals – anläßlich der Krönung von Ferdinands II. Sohn Ferdinand zum böhmischen König – gerade in Prag auf.

Kepler wurde vom Kaiser mit allen Ehren empfangen und für seine Tafeln fürstlich entlohnt (4000 Gulden), jedenfalls auf dem Papier (das heißt in Form von Zahlungsanweisungen an die Städte Ulm und Nürnberg). Keine Rede war davon, daß er als Kaiserlicher Mathematiker entlassen werden sollte, auch wurde ihm ein weiteres unbehelligtes Verbleiben in Linz zugesichert, allen protestantenfeindlichen Dekreten zum Trotz. Ja, Kepler erhielt sogar ein – leider nicht näher bezeichnetes – interessantes Stellenangebot von kaiserlicher Seite, das allerdings seine Konversion zum Katholizismus zur Voraussetzung hatte.

In Prag hielt sich in diesem Winter auch Albrecht von Wallenstein auf, der sich nach dem Sieg über die Dänen gerade dem Zenit seiner Macht näherte. Kepler hatte ihm – wie berichtet – wiederholt das Horoskop gestellt, das erste Mal 1608, als Wallenstein 24/25 Jahre alt war. Aus der Rückschau erscheint dieses Horoskop von erstaunlicher Hellsichtigkeit diktiert; ungewiß bleibt freilich, inwieweit sich Wallenstein selbst dem dort gezeichneten Bild anverwandelt hat. Kepler beschrieb den Charakter des damals noch ganz unbekannten Wallenstein als von wachem, unruhigem Gemüt (Saturn im Aufgang), das – nach Neuerungen begierig – sich hinter undurchdringlicher Miene verberge; er neige zu Melancholie, Aberglauben, Magie und dazu, sich über Sitten, Gebote und religiöse Vorschriften hinwegzusetzen. Weil der Mond verworfen stehe, würden diese Eigenarten ihm bei seinen Mitmenschen zum Nachteil gereichen, die ihn für einen einsamen, lichtscheuen Unmenschen hielten. Auch sei er unfähig zu brüderlicher und ehelicher Liebe, hart gegen Untergebene, grausam, egozentrisch und in seinem Verhalten meist unberechenbar, bald zurückhaltend, bald ungestüm, streitbar oder betrügerisch. Durch Saturn seien seine Einbildungen *verderbt, das er offt vergeblich forcht hatt.* Doch lasse Jupiter darauf hoffen, daß sich diese Unarten mit dem Alter abwetzten. Sein *Ehrendurst und streben nach zeittlichen Digniteten und Macht* schafften ihm viele offene und heimliche Feinde, er werde es aber zweifellos zu Ansehen, Reichtum und guter Heirat bringen. *Und weill Mercurius so genaw in opposito Jovis stehet, will es das ansehen gewinnen, als werdt er einen besondern aberglauben haben, und durch mittel desselbigen eine grosse menige Volckhs an sich zihen, oder sich etwa einmall von einer Rott so malcontent zue einem haubt und Rädtlführer auf-*

werffen lassen.[309] Kepler hat später (1624/25) dieses Horoskop auf Wunsch Wallensteins überarbeitet, sich aber stets geweigert, auf konkrete Fragen wie der nach der Todesursache oder dem Kriegsglück zu antworten. Bemerkenswert bleibt, daß Keplers zweites Wallenstein-Horoskop im Frühjahr 1634 abbricht, dem Zeitpunkt, an dem Wallenstein ermordet werden sollte. Auch wenn sich Kepler allenfalls zur Vergleichung zweier Nativitäten auf die Verträglichkeit der Charaktere hin bereitfand, machte ihm Wallenstein nun in Prag ein – zumindest finanziell – sehr verlockendes Angebot: Wallenstein versprach, Kepler die kaiserlichen Schulden aus ausstehenden Gehaltszahlungen zu vergelten (11817 Gulden) und ihm ein Jahresgehalt von 1000 Gulden auszusetzen. Wallenstein, der Kepler auch die Einrichtung einer Druckerpresse im schlesischen Sagan, wo Kepler wohnen und arbeiten sollte, zusagte, war in erster Linie an der Herausgabe von Ephemeriden interessiert, waren sie doch für die Horoskopberechnung unerläßlich. Kepler war zwar klar, daß auch das protestantische Schlesien nicht von der Gegenreformation verschont bleiben würde, dachte aber, keine andere Wahl zu haben.[310] Für alle Fälle versicherte er sich des Wohlwollens Kurfürst Johann Georgs I. von Sachsen: Wenn alle Stränge reißen sollten, wollte er wenigstens eines protestantischen Refugiums gewiß sein.[311]

Seinem alten Freund Bernegger war die Vorstellung, Kepler in Wallensteins Diensten zu sehen, ganz und gar nicht geheuer. Er fragt im Juni 1628 brieflich nach, ob Kepler immer noch den Mut habe, sich «dem Wagen jenes Phaeton anzuvertrauen», beschwichtigt aber sogleich seine Befürchtung, Kepler könne mit diesem Aufsteiger schlecht fahren und ins Bodenlose stürzen, mit der Zuversicht, «daß der Himmel Euch, seinen Sohn, nach Gebühr begünstigt und Ihr nichts unüberlegt und vorschnell unternehmt»[312]. Zu diesem Zeitpunkt war der Handel zwischen Kepler und Wallenstein freilich längst perfekt. Zwar fühlte sich auch Kepler nicht ganz wohl als *martis alumnus (Kostgänger des Krieges)*[313], zugleich aber fester denn je dem Haus Habsburg verpflichtet.

Im Mai 1628 fuhr Kepler, nachdem seine Übereinkunft mit Wallenstein das Wohlwollen Ferdinands II. gefunden hatte, nach Regensburg zu seiner Familie, anschließend im Juni nach Linz, wo er den Ständen seine Tafeln übergab und um seine Entlassung als Landschaftsmathematiker bat. Dieser Bitte entsprachen die Stände am 3. Juli 1628 und bewilligten Kepler 200 Gulden Reisegeld als Abschlagszahlung auf seine unbeglichenen Gehaltsforderungen.[314] Von Linz aus ging die Reise nach Prag, wo Kepler sich mit seiner Familie traf, und von dort weiter nach Sagan.

Am 25. Juli 1628 kam Kepler in Sagan an.[315] Er führte ein Schreiben Wallensteins an den Landeshauptmann des Herzogtums Sagan, Grabes von Nechern, mit sich, das diesen anwies, Kepler gegen leidliche Bezahlung mit einer bequemen Wohnung zu versorgen und ihm in allem «die verhülffliche Hand [zu] bitten»[316].

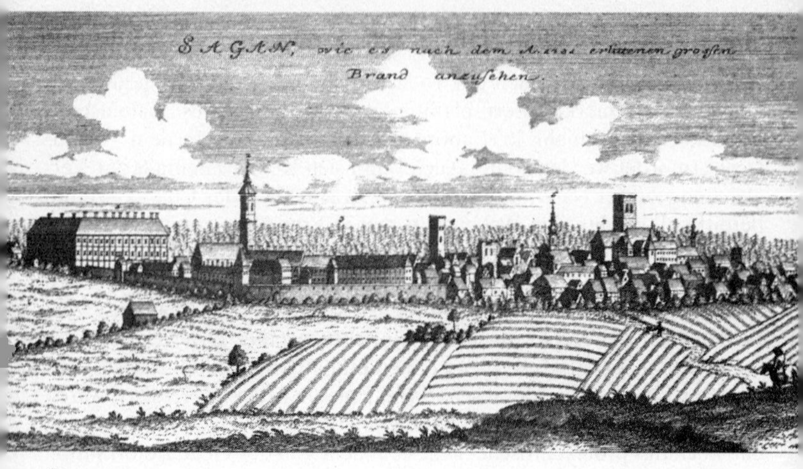

Sagan

Trotz seiner privilegierten Stellung wurde Kepler in Sagan nicht froh. *Denn es ist die Einsamkeit, die mich hier abseits von den großen Städten des Reiches beengt, wo die Briefe nur langsam hin- und hergehen und mit großen Auslagen verbunden sind. Dazu kommen die Umtriebe der Reformation, die sich zwar an mich nicht heranmachten, mich aber doch auch im geheimen nicht übersahen und die mir traurige Beispiele und Bilder vor Augen stellen, wie Bekannte, Freunde, Leute aus der nächsten Umgebung ruiniert werden und der mündliche Verkehr mit den Geängstigten durch Furcht abgeschnitten wird.*[317] Hinzu kam, daß Kepler kaum den örtlichen Dialekt verstand, sowenig wie die Einheimischen ihn verstanden. Gast und Fremdling sei er hier, fast völlig unbekannt, schreibt er Bernegger, dem er wiederholt sein Leid klagt.[318]

Immerhin fand Kepler in Jakob Bartsch, der sich am 1. September 1628 in einem offenen Brief an ihn, den verschollen Geglaubten, gewandt hatte, einen fähigen Mitarbeiter bei der Fortsetzung der Ephemeriden-Edition. Bartsch war Schüler von Keplers Brieffreund Philipp Müller, Arzt und Professor der Mathematik in Leipzig, gewesen und hatte im Anschluß an seine Leipziger Studienzeit in Straßburg Medizin studiert. Dadurch war er auch mit Keplers Straßburger Brieffreund Matthias Bernegger bekannt. Nach Abschluß seines Medizinstudiums war er in seine Heimatstadt Lauban (Lausitz) zurückgekehrt. Kepler, mit dem er schon früher brieflich in Kontakt getreten war, empfahl er sich durch die Berechnung von Ephemeriden auf das Jahr 1629 nach den *Tabulae Rudolphinae*.

Bartsch besuchte Kepler im Herbst 1628 in Sagan. Bei dieser Gelegenheit versicherte sich Kepler Bartschs Mitarbeit bei der Errechnung der Ephemeriden der Jahre 1629 bis 1636. Kepler schwebte die Herausgabe von Ephemeriden in einem ersten, dreigeteilten Band vor, der die Jahre 1617 bis 1636 umfassen sollte (Teil I sollte die bereits erschienenen Ephemeriden 1617–1620, Teil II die Jahrgänge 1621–1628 und Teil III die Jahrgänge 1629–1636 enthalten). Kepler, der bereits in seiner Prager Zeit erwogen hatte, Ephemeriden herauszugeben, hatte damals vergeblich versucht, Giovanni Antonio Magini, den namhaften italienischen Astronomen, zur Mitarbeit an diesem Projekt zu gewinnen. Nun, wo die *Rudolfinischen Tafeln* auf dem Markt waren, drängte sich die Herausgabe von Ephemeriden geradezu auf, wollte Kepler die Früchte seiner Arbeit nicht gänzlich anderen überlassen. Kepler hatte vor, den ersten Ephemeridenband zur Frankfurter Herbstmesse 1629 und den zweiten im Folgejahr herauszubringen. Alles dauerte freilich länger als gewünscht: Die Druckerei wurde erst Ende 1629 installiert, nachdem die erste gegenreformatorische Welle über Sagan hinweggegangen war.

Kaiser Ferdinand II. hatte – gestärkt durch den Sieg über die Dänen – am 6. März 1629 das sogenannte Restitutionsedikt erlassen, das die Rückgabe aller seit dem Passauer Vertrag von 1552 von protestantischer Seite konfiszierter Kirchengüter an die katholische Kirche verlangte, die Reformierten vom Religionsfrieden ausschloß und den katholischen Ständen die Rekatholisierung ihrer Untertanen gestattete. Diese Verfügungen vertieften die Spannungen im Deutschen Reich und verlängerten den Krieg, der so lange dauern sollte, bis diese Forderungen vom Tisch waren.

Das schwankende Glück des Krieges regierte nun sehr in Keplers Leben hinein. Wallenstein bat ihn Anfang 1629 wiederholt um astrologische Gutachten. Er möge sich zum Verhältnis zwischen seiner Nativität und der des Königs von Böhmen und Ungarn äußern und ihm den Jahresverlauf kommentieren.[319] In seinem offenen Brief an Jakob Bartsch hatte Kepler geschrieben, *das Staatsschiff wird von gefährlichen Stürmen geschüttelt und kein Fahrzeug hat einen sicheren Ankerplatz. [...] Wenn der Sturm wütet und der Schiffbruch des Staates droht, können wir nichts Würdigeres tun, als den Anker unserer friedlichen Studien in den Grund der Ewigkeit senken.*[320] Kurz vor dem Friedensschluß von Lübeck (mit Dänemark) war Wallenstein mit dem Herzogtum Mecklenburg belohnt worden, ein staatsrechtlich wie politisch prekärer Schritt, wurden doch für Wallensteins Aufstieg zum Reichsfürsten die angestammten Machthaber wegen Unterstützung der protestantischen Seite in die Wüste geschickt. Die alteingesessenen Reichsfürsten verhielten sich ihrem neuen Standesgenossen gegenüber mehr als reserviert. Sie vermuteten nicht zu Unrecht, daß Wallenstein selbst diesen kaiserlichen Willkürakt inspiriert hatte, auch wenn er sich pro forma zierte, das Herzogtum zu übernehmen.

Kepler brachte Wallensteins mecklenburgische Herzogswürde eine Berufung an die Universität Rostock ein, der er aber mit großer Zurückhaltung begegnete: Er traute dem Frieden nicht. Wenn er nach Rostock ginge, hieße dies, das Reich zu verlassen. *Der Fürst ist zwar Herr über seine Gunst, allein das Schicksal ist auch Herr über den Fürsten. Wenn sich etwas ereignen würde, was den gegenwärtigen Zustand ändert, so käme ich mit meinem Gehalt als Mathematiker in die Klemme, da ich fern vom Hof wäre. Ist Friede an der Ostsee, so ist der Herzog gezwungen, mit seinen Truppen weiter von da wegzuziehen. Ist aber kein Friede, wie fast allgemein angenommen wird, so wird er dort den Schweden, den Dänen und die holländische Flotte zu Feinden haben.*[321] Auch war sich Kepler nicht klar darüber, wie ernst das Angebot gemeint war, gab es doch gleichzeitig anderslautende Anweisungen aus Friedland. Vorsichtshalber stellte Kepler zu seiner Absicherung zahlreiche Bedingungen und wartete ab, bis sich die Sache im Sande verlief.

Um diese Zeit – etwas früher im Jahr – brachte ein Brief seiner Schwester Kepler auf die Idee, daß er sich um die Verheiratung seiner Tochter Susanna kümmern müsse. Margarete Binder schlug einen verwitweten Kirchheimer Arzt als Ehemann Susannas vor. Kepler hatte allerdings Vorbehalte gegen die Vermittlungskünste seiner Schwester und fragte bei Bernegger in Straßburg an, ob er bei der Verheiratung seiner Tochter nicht Vaterstelle übernehmen könne.[322] Da Kepler fürchtete, die Kirchheimer Partie habe sich unterdessen erledigt, dachte er an seinen Mitarbeiter Jakob Bartsch als möglichen Bräutigam. Nachdem sich Kepler bei Bernegger nach Bartschs Lebenswandel in Straßburg erkundigt und eine zufriedenstellende Antwort erhalten hatte, versuchten Kepler und Bernegger gemeinsam, Jakob Bartsch dazu zu bewegen, um Susanna Keplers Hand anzuhalten. Kepler, der sich selbst einst auf äußerst unsicheren Freiersfüßen bewegt hatte, genießt es sichtlich, wie sich der Schwiegersohn in spe dreht und windet, bis er sich endlich, am 1. September 1629, erklärt.[323] Kepler verspricht ihm die Hand seiner Tochter, vorausgesetzt diese stimme selbst der Verabredung zu. Wahrscheinlich war Kepler an Bartsch nicht nur als Schwiegersohn, sondern auch als ständigem Mitarbeiter und zukünftigem Nachfolger/Nachlaßverwalter gelegen.

Während die Heirat von Bernegger in Straßburg vorbereitet wurde, kümmerte sich Kepler – nachdem die Ephemeriden weitgehend berechnet waren – mit Nachdruck um die Einrichtung der Saganer Druckerei. Er hatte einen Setzer und einen Drucker gefunden, die er nun nach Leipzig schickte, um eine Druckerpresse zu kaufen, Typen gießen und Papier herstellen zu lassen. Sein Freund, der Leipziger Arzt und Mathematikprofessor Philipp Müller, unterstützte ihn und seine Mitarbeiter bei diesen Transaktionen tatkräftig.[324] Gleichzeitig veranlaßte Kepler, daß in dem von ihm gemieteten Haus ein Raum zur Druckwerkstatt ausgebaut wurde.[325] Kepler hatte es jetzt eilig mit dem Druck der *Ephemeriden*:

[…] ich muß voranmachen, um das zu vollenden, was ich begonnen habe. Dazu brauche ich vor allem die bestellten Typen. Wenn ich Sagan sollte verlassen müssen, möchte ich lieber etwas Fertiges hinterlassen als verstümmelte Bruchstücke[326], schrieb er Anfang 1630 an Philipp Müller. Auch finanzielle Querelen mit Wallenstein wegen der Druckerei konnten ihn jetzt nicht mehr aufhalten.[327] Auf der neu installierten Presse wurde Anfang 1630 mit dem Druck der Ephemeriden auf 1629 bis 1636 begonnen. Die Jahrgänge 1621 bis 1628 mit Keplers Wetterbeobachtungen wurden im Anschluß gedruckt.

Ende März/Anfang April 1630 besuchte Kepler Wallenstein in seinem Schloß in Gitschin. Er und sein Gönner hätten während der drei Wochen, die er bei ihm hingehalten worden sei, viel Zeit verloren, schreibt er an Philipp Müller nach seiner Rückkehr nach Sagan.[328] In Gitschin dürften neben astrologischen vor allem finanzielle Belange zur Sprache gekommen sein. Immerhin konnte der Bestand der Druckerei, unter der Voraussetzung, daß sie in Wallensteins Besitz bleibe und Kepler ihm das eben im Druck befindliche Werk widme, gesichert werden. Außerdem erwog Wallenstein, Kepler die Schulden aus seiner rückständigen Hofbesoldung mit einem Stiftsgut zu vergelten.

Während Keplers Abwesenheit wurden auf der Saganer Presse Teile des *Mondtraums* gedruckt, der, wie bereits erwähnt, erst postum erscheinen sollte. Kurz nach Keplers Rückkehr aus Gitschin brachte seine Frau am 18. April 1630 die Tochter Anna Maria zur Welt. Die Taufe sollte am 24. April stattfinden. Kepler hoffte, daß bis dahin seine Tochter Susanna mit ihrem am 12. März 1630 in Straßburg angetrauten Mann in Sagan eingetroffen sein würde.[329] Wie sich herausstellen sollte, kam das junge Paar aber erst Anfang Mai in Sagan an, wo dann Hochzeit und Taufe nachgefeiert wurden.[330]

Nach diesem freudigen Intermezzo ging die Arbeit am Druck der *Ephemeriden* ohne Verzögerung weiter, wollte Kepler doch wenigstens den dritten Teil des ersten Ephemeridenbandes (1629–1636) auf der Frankfurter Herbstmesse präsentieren. An Wallenstein schrieb er nach getaner Arbeit: *Euer fürstl. Gn. berichte ich in unterthenigem Gehorsam, dass ich mich mit Anspannung aller Krefften des Leibs, Gemüett und vermügens dahin bearbeittet, daß ich mit dem tomo Ephemeridum ab anno 1617 in annum 1636 sowol im Druckh als in calculo bis auff den gesetzten termin Michaelis [29. September] möchte zurecht kommen.*[331]

Überschattet wurde dieser Erfolg durch schlechte Nachrichten vom Regensburger Kurfürstentag: Kaiser Ferdinand II. hatte sich von Kurfürst Maximilian von Bayern und anderen Wallenstein-Gegnern dazu verleiten lassen, Wallenstein (am 13.9.1630) zu entlassen, um die Zustimmung zur Wahl seines Sohnes zum deutschen König zu erwirken. Das Zugeständnis hatte nicht den gewünschten Erfolg. Ferdinands Sohn wurde nicht zum deutschen König gewählt, eine empfindliche Schlappe für das Haus Habsburg, dies um so mehr, als mit der Landung der Schweden auf Usedom und dem pommerschen Festland ein neues Kapitel im Dreißigjährigen Krieg begonnen hatte. Wallenstein nahm seine Demission gelassen hin, Kepler, der von ihm abhing, nicht. Wieder holten ihn die Existenzsorgen ein, die ihn schon so oft bedrückt hatten. Um wenigstens seine finanziellen Belange zu sichern und sich Klarheit über seinen weiteren Tätigkeitsspielraum zu verschaffen, aber auch um Wallenstein in Memmingen oder Nürnberg die Widmungsexemplare seiner *Ephemeriden* zu überreichen, machte sich Kepler am 8. Oktober auf die Reise über Leipzig nach Regensburg. Kepler, dem die angespannte Editionsarbeit und die Unsicherheit seiner Lage zugesetzt hatten, verließ Sagan, wie Bartsch berichtet, in so schlechter Verfassung, daß man kaum mit seiner Rückkehr rechnen durfte.[332] Er führte Unterlagen über seine sämtlichen Vermögenswerte mit sich. In Leipzig machte er Station bei Philipp Müller. Dort erfuhr er, daß Wallenstein inzwischen nach Prag gegangen sei. Da er jedoch bereits zahlreiche Ephemeridenbände und seine Wertpapiere nach Regensburg vorausgeschickt hatte, mußte er dieser Sendung nachreisen. So übersandte Kepler die Widmungsexemplare der *Ephemeriden* an Wallenstein in Prag mit einem Dankesschreiben, in dem er sich und seine *Gehülfen auch beiderseits angehörige in dero Statt Sagan meiner wiederkunft erwartende, zu beharlichen landsfürstlichen Gnaden* empfiehlt.[333]

Von Leipzig aus schreibt er einen letzten Brief an Matthias Bernegger. Er dankt ihm für seine Einladung nach Straßburg: Bei den gegenwärtig unsicheren Zeiten dürfe man keine Gelegenheit unterzukommen ausschlagen, und sei sie noch so entfernt. *Gott schütze Euch und erbarme sich des Jammers meines Vaterlandes. [...] Lebt wohl mit Frau und Kindern. Haltet Euch fest mit mir an dem einzigen Anker der Kirche, dem Gebet zu Gott für diese und für mich.*[334] Über Nürnberg, wo er zu seinem Leidwesen erfährt, daß die Weltkarte zu den *Tabulae Rudolphinae* immer noch nicht fertig ist (er hätte sie gerne dem Kaiser überreicht), reist Kepler weiter nach Regensburg. Als er dort am 2. November 1630 erschöpft ankommt, ist der Kurfürstentag in Auflösung begriffen. Nach wenigen Tagen stellt sich Fieber ein, das Kepler aber zunächst nicht ernst nimmt. Als sich die Krankheit verschlimmert, läßt man ihn zur Ader. Ohne Erfolg. Das Fieber steigt weiter. Zeitweise fällt er ins Delirium. Geistliche stehen ihm bei, auch in der letzten Stunde, wo er auf die Frage, «worauf er seine Hoffnung auf Erlösung setze, antwortete [...]: Einzig und allein auf das Verdienst unseres Erlösers Jesus Christus.»[335]

Ob Kepler das Geldgeschenk von 25 oder 30 Dukaten, das ihm der abreisende Kaiser zur Genesung schickte, noch zur Kenntnis nehmen konnte, ist ungewiß. Kepler starb am 5./15. November 1630 um die Mittagszeit. Drei Tage später wurde er auf dem protestantischen Friedhof von Regensburg begraben. Schon nach wenigen Jahren verwischte der

Krieg die Spuren seines Grabes. Zum Grabspruch hatte er sich bestimmt:

MENSUS ERAM COELOS NUNC TERRAE METIOR UMBRAS MENS COELESTIS ERAT CORPORIS UMBRA IACET[336]

(Himmel hab' ich vermessen, jetzt meß' ich die Schatten der Erde / War himmlisch erhoben der Geist, sinkt nieder des Körpers Schatten)

Wilhelm Schickard schrieb Ende November an Matthias Bernegger: «Ich darf Euch, treuester Freund, die Nachricht nicht verhehlen, wenn ich sie auch kaum trockenen Auges mitteilen kann: unser gemeinsamer, ach einstiger Freund Kepler, ein Stern erster Größe am mathematischen Himmel, ist dahingeschieden und über den Horizont des irdischen Lebens emporgestiegen, am 15. November zu Regensburg. Er wurde daselbst begraben am Tage vor der Mondfinsternis; er sollte droben unmittelbar betrachten können, was er uns auf Erden so oft gezeigt und auch vorausgesagt hat.»[337]

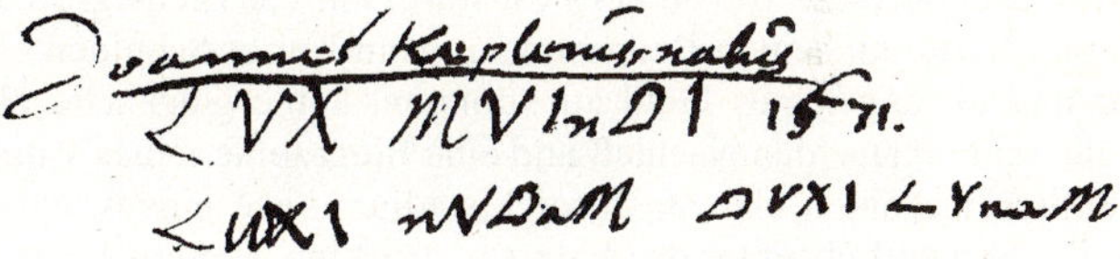

Das Chronogramm Keplers auf sein Geburtsjahr MDLXXI: *«Joannes Keplerus natus / LUX MVnDI 1571 / LUXI nVDaM DUXI LVnaM»*
(«Johannes Kepler wurde geboren: Das Licht der Welt habe ich 1571 verrenkt und zum nackten Mond gelenkt»)

Epilog

Keplers Familie erfuhr von seinem Tod Anfang Dezember 1630. Bartschs Versuch, die Saganer Druckerei aufrechtzuerhalten, mißlang. Keplers Frau Susanna konnte erst nach einem Jahr und vielen Eingaben Wallenstein dazu bewegen, ihr Keplers rückständiges Gehalt auszubezahlen. So geriet die Familie, die sich nach Auflösung des Saganer Haushalts bei Bartsch in Lauban niederließ, zunehmend in materielle Not. Als Bartsch drei Jahre nach Keplers Tod an der Pest starb, war das Elend groß. Ludwig Kepler hatte mit seinen Bemühungen, vom Kaiser Schulden einzutreiben und an angelegtes Geld zu kommen, keine glückliche Hand. Auch alle seine Pläne, den Nachlaß und eine Biographie seines Vaters zu veröffentlichen, kamen über das Projektstadium nicht hinaus. Nur den zum Teil schon zu Lebzeiten des Vaters gedruckten *Mondtraum* konnte Ludwig Kepler 1634 in Frankfurt am Main veröffentlichen. Er traf sich zu diesem Zweck in Frankfurt mit seiner Stiefmutter, die das Manuskript und die schon gedruckten Bogen mitbrachte, und ihren vier Kindern (das namenlose Regensburger Kind war inzwischen gestorben). Susanna Kepler hoffte, in Frankfurt ihr Auskommen aus den Druckeinnahmen der Werke Johannes Keplers zu finden. Diese Hoffnung erwies sich als trügerisch. So verließ sie 1635 Frankfurt, um nach Regensburg zu übersiedeln, wo sie bereits früher jahrelang gelebt hatte. Unterwegs starben ihre beiden Söhne Friedmar und Hildebert, wahrscheinlich an der Pest. Susanna Kepler überlebte sie nur um ein gutes Jahr. Sie starb am 30. August 1636 in Regensburg. Ihrer beiden Töchter Cordula und Anna Maria nahm sich Dr. Stephan Marchtrencker, ein Regensburger Freund der Familie, an.

Unterdessen war Keplers Nachlaß in Schlesien durch die Kriegswirren in Unordnung geraten. Einen Teil der Bücher Keplers hatte Susanna Bartsch aus Geldnot verpfändet. 1637 ordnete Ludwig Kepler die nachgelassenen Manuskripte und brachte sie an einen nur ihm selbst bekannten Ort, da es unterdessen Versuche von Jesuitenseite (Christoph Scheiner und Albert Curtius) gegeben hatte, über Susanna Bartsch schließlich doch noch an Brahes Aufzeichnungen zu kommen.

Das weitere Schicksal von Keplers Nachlaß liest sich wie die Forsetzung seiner Suche nach einer gesicherten Bleibe: Es gelang den Erben nicht, den Kaiser mittels der nachgelassenen Aufzeichnungen von Brahe und Kepler zur Bezahlung seiner Schulden zu bewegen. So blieb der Nachlaß im Besitz Ludwig Keplers, der sich – nach einem Studienaufenthalt in Italien – 1639 als Arzt in Königsberg niederließ. Aus Geldnot verkaufte er 1655 Brahes Aufzeichnungen an den dänischen König. Ludwigs Erben (Ludwig starb 1663 in Königsberg) veräußerten Keplers Nachlaß an den Danziger Astronomen Johannes Hevelius, der einen Werkkatalog anlegte und die gelehrte Welt auf Keplers Nachlaß aufmerksam machte. Pläne, den *Hipparch* und Briefe zu publizieren, scheiterten. Nach Hevelius' Tod (1687) ging der Nachlaß an Hevelius' älteste Tochter bzw. deren späteren Ehemann Ernst Lange, der Keplers Nachlaß 1707 an Michael Gottlieb Hansch für 100 Gulden veräußerte. Hansch erfaßte den Nachlaß und ließ ihn 1712 in 22 Bänden binden. Seine Absicht, den gesamten Nachlaß zu publizieren, trug ihn bis zu einem ersten Briefauswahlband mit biographischem Anhang «Joannis Keppleri aliorumque epistolae mutuae» («Kepler in seinem Briefwechsel», Leipzig 1718), dessen aufwendige Ausstattung eine entsprechende Fortsetzung verunmöglichte. Es gelang Hansch nur noch, Keplers Schrift über den Gregorianischen Kalender zu veröffentlichen (Regensburg 1726). Noch vor Erscheinen dieses Bandes sah sich Hansch 1721 aus Geldnot gezwungen, 18 Bände des Nachlasses bei dem Frankfurter Pfandleiher Ehinger für 828 Gulden zu versetzen; drei Briefbände gingen an die kaiserliche Hofbibliothek nach Wien, ebenso wie ein zunächst – zum Zweck der Publikation der Kalenderschrift – zurückbehaltener vierter Band.

Nach Hanschs Tod (1749) gerieten die 18 Nachlaßbände in Frankfurt in Vergessenheit. Durch Erbschaft gingen sie in den Besitz der Frankfurter Münzrätin Katharina Trümmer über, bei der sie der Nürnberger Gelehrte Christian Gottlieb von Murr um 1765 ausfindig machte. Da von Murr die 1500 Gulden, die Frau Trümmer für Keplers Nachlaß haben wollte, nicht aufbringen konnte, entfaltete er rege Aktivitäten, um Interessenten für Keplers hinterlassene Schriften zu finden: Er publizierte ein Verzeichnis, schrieb alle möglichen Gelehrten, Akademien und Bibliotheken an, nur um in den allermeisten Fällen auf Desinteresse und den Kommentar «veraltet» zu stoßen. Allein bei der Petersburger Akademie der Wissenschaften, der auch Leonhard Euler angehörte, stieß er auf Interesse, das schließlich zum Kauf der 18 Bände durch Katharina die Große – eine deutsche Prinzessin aus dem Hause Anhalt-Zerbst – führte; diese vermachte sie der Petersburger Akademie der Wissenschaften, von wo sie 1840 in den Besitz der neugegründeten Sternwarte von Pulkowo übergingen.

Um dieselbe Zeit faßte in Stuttgart Christian Frisch den Plan, Keplers gedruckte und ungedruckte Werke in acht Bänden zu publizieren. Trotz zahlreicher Schwierigkeiten gelang es Frisch, diesen Plan zu realisieren.

Für seine Editionsarbeit bekam er jeweils einige der Pulkowoer Nachlaßbände durch die Vermittlung des russischen Gesandten am Stuttgarter Hof geliefert. «Joannis Kepleri astronomi opera omnia» erschienen zwischen 1858 und 1871 im Druck, ergänzt durch eine Kepler-Biographie in Band 8. 2.

Aus dem Ungenügen an dieser ersten, ausschließlich mit lateinischen Anmerkungen versehenen Werkedition entstand um 1914 bei Walther von Dyck der Plan einer Neuausgabe von Keplers «Gesammelten Werken». Für dieses Projekt wurde der gesamte Nachlaß in München abfotografiert. Die Bände der «Gesammelten Werke» (22 sind vorgesehen) erscheinen seit 1937 im Auftrag der Deutschen Forschungsgemeinschaft und der Bayerischen Akademie der Wissenschaften.

Betrachtet man das Nachlaßschicksal als Teil der Wirkungsgeschichte Keplers, bleibt zu konstatieren, daß Keplers astronomische Arbeiten zwar im großen und ganzen gewürdigt wurden (auch wenn sie manchem Zeitgenossen entschieden zu kühn waren), daß physikalische Erklärungsmuster, wie sie Kepler in die Astronomie einführte, in breiterem Maße jedoch erst mit Isaac Newtons Gravitationsgesetz Anerkennung fanden. Newton selbst wußte zwar, was er Kepler verdankte, machte davon jedoch wenig Worte; und wenn er davon sprach, daß er nur das habe erreichen können, was er erreicht habe, weil er auf den Schultern von Riesen gestanden habe, nannte er keine Namen.

Nach Newton galt Kepler als veraltet und überholt. Man vergaß schnell, welchen Meilenstein er mit der Überwindung der seit der Antike als sakrosankt geltenden Vorstellung einer Kreisbewegung der Planeten gesetzt hatte. Der sich dem Empirismus verschreibenden modernen Naturwissenschaft war Kepler zu spekulativ. So schuf sich die Wissenschaftsgeschichte ihr eigenes Bild von Kepler: Sie hielt sich an den Entdecker der Planetengesetze und zeigte sich peinlich berührt von dem spekulierenden Philosophen.[338] Dabei trat der metaphysische Kepler in den Schatten des naturwissenschaftlichen Astronomen, der seinerseits im Schatten Isaac Newtons stand. Heute wird häufig Newton – sei es aus Unkenntnis oder weil schon viele andere dies behauptet haben – das Verdienst zugeschrieben, die Physik in den Weltraum ausgedehnt zu haben, so wie Galilei als Gründungsvater der modernen Naturwissenschaft gilt. Auch wenn Galilei nicht der erste war, der Experimente anstellte, war er doch der erste, der diesem Verfahren zu entsprechender Publizität verhalf. (Galilei glaubte übrigens bis an sein Ende, daß sich die Planeten auf Kreisen um die Sonne bewegen; er weigerte sich also, Keplers Erkenntnisse anzunehmen.) Der reduktionistische Ansatz der experimentellen Methode sollte wegweisend werden für das sich nun mit Macht ausbreitende mechanische Denken. Die auch von Kepler öfter bemühte Metapher des kosmischen Uhrwerks[339] illustrierte – als damals avancierteste Technik – die räderwerkgleiche Ordnung des Universums.

Der Astronom. Holzschnitt von Camille Flammarion, 1888

In einem Holzschnitt von Camille Flammarion, den man lange für ein Werk des 16. Jahrhunderts hielt, der aber erst Ende des 19. Jahrhunderts entstand[340], findet die kopernikanische Wende ihren schönsten Ausdruck. Der dort gezeigte Durchbruch durch die zu eng gewordene Erdensphäre repräsentiert nicht nur das Ende geozentrischer Beschränktheit, sondern auch den Blick, den das 19. Jahrhundert auf die kopernikanische Wende hatte: Ein von Neugier getriebener Forscher durchbricht das Gefängnis alter Lehrmeinungen und erblickt das Räderwerk fremder, ungeahnter Welten jenseits des Horizonts, der bis dato für die Grenze der Welt gehalten wurde. Die Geburtswehen der so gewonnenen neuen Perspektive bleiben freilich ausgespart. Schaut man genauer hin, erweist sich die kopernikanische Wende als langwieriger Prozeß, der vor Kopernikus mit der Entdeckung der Perspektive in der Renaissance begann und lange nach ihm endete. Kepler spielte in ihm eine tragende Rolle.

Als Mann des Übergangs hing Kepler einem ganzheitlichen, antikem und humanistischem Denken verpflichteten Wissenschaftsverständnis an, das alle Wissenschaft als Philosophie begriff. Dies ließ ihn – bei all seiner Arbeit mit Tycho Brahes empirischen Daten – späteren Generationen als altmodisch erscheinen. Dies um so mehr, als er «noch» in finalem Denken, das den Menschen als Adressaten und Agenten göttlichen Handelns verstand, «befangen» war. So stand es für Kepler außer Frage, daß Gott die Sphärenharmonie für den Menschen geschaffen hatte. Cui bono? Zu wessen Wohl? Eine längst diskreditierte Frage. Mit ihrem Verschwinden aus der philosophischen Diskussion war die kopernikanische Wende endgültig vollzogen; das dauerte jedoch auch nach Kepler noch geraume Zeit, eine Zeit, in der sich die Erde zwar schon um die Sonne, die Schöpfung aber immer noch um den Menschen drehte. Die philosophische Vertreibung aus dem Mittelpunkt fand nach Säkularisierung und Empirismus mit dem Siegeszug des Positivismus, Materialismus und Utilitarismus statt, dem die Abwanderung des Subjekts in die Psychologie korrespondierte. Dies ist freilich sehr plakativ gesprochen und soll nur die langfristigen Verwerfungen im Verständnis des Menschen von seiner Stellung im Kosmos markieren.

Zu Keplers Zeit wurden mit der Lehre vom Magnetismus, der Erfindung von Mikroskop und Fernrohr, den Fall- und Pendelgesetzen und der Logarithmenrechnung und nicht zuletzt den Planetengesetzen die Grundlagen für die neuzeitliche Naturwissenschaft gelegt. Francis Bacon veröffentlichte 1620 sein «Neues Organon der Wissenschaften», René Descartes 1637 seinen «Discours de la Méthode» («Von der Methode des richtigen Vernunftgebrauchs und der wissenschaftlichen Forschung»), Abhandlungen, die gegen Vorurteile und dogmatische Beengungen der herkömmlichen Wissenschaften Front machten und zu einer Ars inveniendi (Erfindungskunst), zumindest aber zum richtigen Verstandesgebrauch durch Besinnung der Wissenschaft auf sich selbst, ihre Voraussetzungen und Ziele führen wollten. Nur Reflexion und Erfahrung sollten Wegweiser der neuen Wissenschaft sein. Newton traute sich schon nicht mehr, ungesicherte Hypothesen zu äußern.

Kepler war ein äußerst bescheidener Mensch, der gleichwohl um seinen Rang wußte. Sein kritischer Verstand ließ ihn häufig Distanz nehmen zu Parteiengezänk in religiösen, politischen und wissenschaftlichen Streitfragen. Beides – seine Bescheidenheit und seine unzeitgemäße Sicht der Dinge – schmälerte den Erfolg seiner Arbeit. Vor allem dem Herzstück seines Forschens, der Harmonielehre, war wenig Aufmerksamkeit beschieden; allenfalls Dichter wie Goethe und Novalis, einige romantische Schwarmgeister und Außenseiterwissenschaftler wußten sie zu schätzen. Inzwischen sieht es so aus, als ob die harmonikale Intuition nicht völlig abwegig sei: Auch wenn die Entdeckung der Planeten Uranus (1781), Neptun (1846), Pluto (1930) und des Asteroidengürtels Keplers im *Weltgeheimnis* dargelegtes kunstvolles Schachtelsystem der fünf platonischen Körper gesprengt hat, zeigt sich nun, «daß sich im Planetensystem geradezu mystische Zahlenverhältnisse einstellen: Zwischen Himmelskörpern treten Resonanzen auf. Die Umlaufzeiten von Jupiter und Saturn haben ziemlich genau das Verhältnis von 2:5. Im

Asteroidengürtel, also dem Gürtel vieler kleiner winziger Planeten zwischen Jupiter und Mars, gibt es ‹leergefegte Bahnen›, deren potentielle Umlaufzeit die Hälfte, ein Drittel und ein Viertel der Umlaufzeit von Jupiter wäre. Diese scheinbar mystischen Zahlenverhältnisse, die an pythagoreische Zahlenmystik erinnern, werden erst jetzt, zumindest andeutungsweise, unter dem Gesichtspunkt rückgekoppelter Vielkörpersysteme verständlich.»[341] Auch in anderen Bereichen, sei es in der Akustik (Obertonreihe), der Kristallographie oder der Botanik lassen sich regelmäßige Proportionen (Goldener Schnitt, Fibonacci-Reihe) nachweisen.

Inzwischen liegen die Grenzen reduktionistischer Naturforschung offen zutage, komplexe Systeme beginnt man mit Hilfe von Rechnern ansatzweise zu verstehen, selbst ästhetische Gesichtspunkte und intuitive Hypothesen scheinen im Rahmen der Naturwissenschaft nicht mehr kategorisch verworfen zu werden. So kann man gespannt sein, welchen Blick eine zukünftige Naturwissenschaft auf Kepler werfen wird.

Jo: Keplerus
Mathematicus

Anmerkungen

In den Anmerkungen werden folgende Abkürzungen verwendet:

KGW: Johannes Kepler: Gesammelte Werke. 22 Bde., hg. im Auftrag der deutschen Forschungsgemeinschaft und der Bayerischen Akademie der Wissenschaften, München 1937 ff.

KOO: Joannis Kepleri Astronomi Opera omnia edidit Christian Frisch. 8 Bde., Frankfurt a. M., Erlangen 1858–1871

Briefe I, II: Max Caspar, Walther van Dyck (Hg.): Johannes Kepler in seinen Briefen. 2 Bde., München 1930

Häufiger genannte Titel werden nach der ersten Nennung abgekürzt zitiert.

1 Zum Beispiel Dezimalbrüche 1585 (Stevin), Kräfteparallelogramm 1586 (Stevin), Logarithmentafel 1614 (Napier)
2 Vgl. Wilhelm Treue: Keplers «kleine» Welt. In: Deutsches Museum. Abhandlungen und Berichte, 39. Jg. 1971, Heft 1, S. 26
3 Mit Hilfe astrologischer Methoden berechnete Johannes Kepler seinen Empfängnistermin auf den 16. Mai 1571, 16.37 Uhr (vgl. KOO, Bd. 8, S. 672; vgl. H. A. Strauss, S. Strauss-Kloebe (Hg.): Die Astrologie des Johannes Kepler, Fellbach 1981, S. 264
4 Die Vorfahren Katharina Guldenmanns waren begüterte Landhonoratioren. Vgl. Berthold Sutter: Johannes Kepler und Graz. Graz 1975, S. 78 f.
5 Vgl. Franz Hammer: Biographische Einleitung. In: Johannes Kepler: Selbstzeugnisse. Stuttgart 1971, S. 8
6 Ebd.
7 Vgl. Edmund Reitlinger: Johannes Kepler. Stuttgart 1868, S. 35
8 Vgl. Sutter: Kepler und Graz, S. 78 f.
9 Katharina bekam 3000 Gulden, Heinrich 1000 Gulden. Vgl. Reitlinger: Kepler, S. 35
10 KOO, Bd. 8, S. 668 ff.
11 Brief Keplers an Graf Vincenzo Bianchi, Linz 17. 2. 1619, in: KGW, Bd. 17, Brief 827, und Brief Keplers an den Senat von Nürnberg aus dem Jahr 1620, in: KGW, Bd. 17, Brief 877
12 Vgl. Johann Jakob Bartsch: Genealogia Keppleriana [Handschriftliches Dokument von Keplers Enkel], ausgewertet von G. M. Hansch. Siehe auch M. Caspar: Johannes Kepler, Stuttgart 1948, S. 29 f.
13 KGW, Bd. 19, S. 313 f.
14 Franz Hammer spricht von Anfang Juli 1575; vgl. Kepler: Selbstzeugnisse, S. 8
15 Apollonia Wellinger, die ebenfalls aus Eltingen stammte und 40 Jahre später

in Leonberg der Hexerei bezichtigt, aber nicht überführt wurde. Vgl. Sutter: Kepler und Graz, S. 79

16 Vgl. Brief an Herwart von Hohenburg vom 14.9.1599, in: KGW, Bd. 14, Brief 134

17 KOO, Bd. 8, S. 672

18 Reitlinger: Kepler, S. 203 f.

19 Michael Gottlieb Hansch: Joannis Keppleri Vita. In: Joannis Keppleri aliorumque Epistolae mutuae. Leipzig 1718, S. VII; vgl. KOO, Bd. 8, S. 672

20 Vgl. Geschichte des humanistischen Schulwesens in Württemberg. Hg. von der württembergischen Kommission für Landesgeschichte, Stuttgart 1912, Bd. 3.1, S. 14 ff.

21 Ebd., S. 146 ff.

22 Zur Zeit Keplers waren dies 1575–78 Christian Glitz, 1578 Peter Spindler, 1579 Alexander Glaser, 1580–84 Jakob Wetzlin

23 Geschichte des humanistischen Schulwesens in Württemberg, Bd. 3.1, S. 283

24 Brief an David Fabricius vom 4.7.1603, KGW Bd. 14, Brief 262, S. 416

25 Geschichte des humanistischen Schulwesens in Württemberg, Bd. 3.1, S. 283

26 Ebd., Bd. 3.1, S. 517 f.

27 Reitlinger: Kepler, S. 54

28 Ebd., S. 204

29 KOO, Bd. 8, S. 671

30 Ebd., S. 672

31 Vgl. «Nativität», in: KGW, Bd. 19, S. 328–337. Deutsche Übersetzung von Esther Hammer: Selbstcharakteristik, in: Kepler: Selbstzeugnisse, S. 16–30

32 Ebd.

33 KOO, Bd. 8, S. 671

34 Ebd., Bd. 2, S. 302

35 Ebd., Bd. 1, S. 311

36 Ebd., Bd. 8, S. 672

37 Geschichte des humanistischen Schulwesens in Württemberg, Bd. 3.1, S. 152

38 Ursprünglich waren es neun niedere Klosterschulen; Anhausen, Denkendorf und Lorch wurden jedoch 1584 geschlossen. Hinzu kamen vier «höhere» Klosterschulen: Bebenhausen, Herrenalb, Hirsau und Maulbronn. Im 17. Jahrhundert schrumpfte die Zahl der Klosterschulen auf drei niedere – Adelberg, Blaubeuren, Hirsau – und zwei höhere – Bebenhausen und Maulbronn

39 Zur Zeit Keplers waren das Magister Bernhard Sick und Magister Sebastian Kammerhuber 1584/85 bzw. Magister Martin Veyel 1585/86, vgl. Reitlinger: Kepler, S. 62 f.

40 «Nativität», in: KGW, Bd. 19, S. 328–337

41 KOO, Bd. 8, S. 672 f.

42 In: Johannes Kepler: Selbstzeugnisse, S. 61–65

43 Selbstcharakteristik, in: Kepler: Selbstzeugnisse, S. 16 ff., lateinische Originalversion in: KWG, Bd. 19, S. 328 ff.

44 Ebd., S. 16

45 Ebd., S. 27

46 KOO, Bd. 8, S. 673

47 Hansch: Joannis Keppleri Vita. In: Joannis Keppleri aliorumque Epistolae mutuae, S. III

48 Vgl. KGW, Bd. 19, S. 316

49 Ebd., S. 319
50 Vgl. «Nativität», in: KGW, Bd. 19, S. 328ff., und «Revolutio anni 1589». In: KOO, Bd. 8, S. 673
51 Vgl. Reitlinger: Kepler, S. 83
52 Vgl. KOO, Bd. 8, S. 676: *Mariamnem agebam.* Es ist von Friedrich Seck (Kepler und Tübingen. Tübingen 1971, S. 15) und von Berthold Sutter (Kepler und Graz, S. 106) vermutet worden, bei dieser Tragödie handele es sich um Jakob Schöppers «Joannes decollatus». In diesem Theaterstück kommt jedoch keine Mariamne vor. Ich halte es allerdings für plausibler, von einem verschollenen Theaterstück auszugehen, wie etwa Edward Rosen (Kepler's Attitude Toward Astrology and Mysticism. In: Occult and Scientific Mentalities in the Rennaissance. Hg. von Brian Vickers, Cambridge 1984, S. 254), als Johannes Kepler zu unterstellen, er erinnere sich nicht richtig an den Namen der Rolle, die er gespielt hat – schließlich spielte er nicht viele Frauenrollen
53 Vgl. Reitlinger: Kepler, S. 94
54 Vgl. KGW, Bd. 14, S. 275
55 Vgl. KGW, Bd. 19, S. 319
56 KGW, Bd. 13, S. 4
57 Aegidius Hunnius (1550–1603), einflußreicher lutherischer Theologe aus Württemberg, Professor in Marburg (1576) und Wittenberg (1592)
58 Johannes Kepler: Bemerkungen zu einem Brief Matthias Hafenreffers. In: Selbstzeugnisse, S. 62f.
59 Ebd.
60 KGW, Bd. 19, S. 322.
61 Vgl. Reitlinger: Kepler, S. 117
62 Die Zeitangaben, die dem Julianischen Kalender folgen, werden von jetzt an mit dem Zusatz a. St. (für «alter Stil») gekennzeichnet. Werden zwei Daten angegeben, bezieht sich das erste Datum auf den Julianischen, das zweite auf den Gregorianischen Kalender. Ansonsten folgen die Zeitangaben dem Gregorianischen Kalender
63 Vgl. Sutter. Kepler und Graz, S. 38f. und S. 64f.
64 Vgl. Johann Andritsch: Gelehrtenkreise um Johannes Kepler in Graz. In: Akademischer Senat der Universität Graz (Hg.): Johannes Kepler 1571–1971. Gedenkschrift der Universität Graz. Graz 1975, S. 170 und S. 186
65 Gerald Schöpfer: Ein Beitrag zur sozialen Stellung der Gelehrten in Innerösterreich am Beispiel Johannes Keplers. In: Akademischer Senat der Universität Graz (Hg.): Johannes Kepler 1571–1971, S. 204
66 Vgl. Sutter: Kepler und Graz, S. 53–74
67 Vgl. Johann Loserth: Die protestantischen Schulen der Steiermark im 16. Jahrhundert. In: Monumenta Germaniae Paedagogica Bd. LV, Berlin 1916, S. 26f. und S. 38f.
68 Revolutio anni 1594. In: KOO, Bd. 8, S. 677
69 KGW, Bd. 13, Brief 112, S. 287
70 Vgl. KGW, Bd. 19, S. 332f.
71 Ebd., S. 8f.
72 Sutter: Kepler und Graz, S. 134 und S. 177
73 Ebd., S. 130f.
74 KGW, Bd. 13, Brief 16 vom 8./18. 1. 1595

75 Vgl. ebd., Brief 64 vom 9.4.1597 an Michael Mästlin

76 Vgl. Fernand Hallyn: The Poetic Structure of the World. Copernicus and Kepler. New York 1990, S. 75 f.

77 Johannes Kepler: Mysterium cosmographicum. Das Weltgeheimnis. Übersetzt und eingeleitet von Max Caspar, Augsburg 1923, S. 20

78 Ebd., S. 23

79 Ebd., S. 24

80 Ebd.

81 Vgl. Sutter: Kepler und Graz, S. 178

82 Ebd., S. 215

83 Brief vom 17.5.1596 (a. St.) von Johannes Papius an Kepler, KGW, Bd. 13, Brief 41

84 Brief vom 7.6.1596 (a. St.) von Johannes Papius an Kepler, KGW, Bd. 13, Brief 45

85 KGW, Bd. 13, Brief 57

86 Sutter vermutet, der Termin sei von der Verwandtschaft festgelegt worden. Vgl. Sutter: Kepler und Graz, S. 221

87 Briefe I, S. 54, vgl. KGW, Bd. 13, Brief 75

88 KGW, Bd. 13, Brief 73, 4.8.1597

89 Briefe I, S. 60, vgl. KGW, Bd. 13, Brief 76

90 Brief vom 18.7.1599, KGW, Bd. 14, Brief 128

91 Briefe I, S. 193 f., vgl. KGW, Bd. 14, Briefe 222 und 265

92 Ebd., S. 194, vgl. KGW, Bd. 14, Brief 268

93 Sutter: Kepler und Graz, S. 190 f. Sutter klärt ein langjähriges Mißverständnis der Kepler-Forschung auf, die fälschlicherweise davon ausging, die Vermittlung zwischen Kepler und Herwart sei einem Jesuitenpater Grienberger zu verdanken

94 Brief vom 29.5.1597, KGW, Bd. 13, Brief 69

95 KGW, Bd. 13, Brief 82

96 Briefe I, S. 62–64, vgl. KGW, Bd. 13, Brief 92

97 Ebd., S. 64 f., vgl. KGW, Bd. 13, Brief 94

98 Kepler: Selbstzeugnisse, S. 29

99 Briefe I, S. 101–111, vgl. KGW, Bd. 13, Brief 117

100 Ebd., S. 108

101 Ebd. Weitere Bemerkungen zur Astrologie finden sich in Keplers Prognosticum auf das Jahr 1598

102 Ebd., S. 106

103 Ebd., S. 75 f., vgl. KGW, Bd. 13, Brief 99

104 Ebd., S. 84, vgl. KGW, Bd. 13, Brief 106

105 Vgl. Sutter: Kepler und Graz, S. 245

106 Ebd., S. 247

107 Briefe I, S. 86

108 Vgl. KGW, Bd. 13, Brief 112 und KGW, Bd. 14, Brief 134

109 Briefe I, S. 88, vgl. KGW, Bd. 13, Brief 107

110 Ebd., S. 89

111 Ebd., S. 92

112 KGW, Bd. 13, S. 380

113 Briefe I, S. 94, vgl. KGW, Bd. 13, Brief 112

114 Ebd., S. 101, vgl. KGW, Bd. 13, Brief 113

115 Ebd., S. 121 f., vgl. KGW, Bd. 14, Brief 142
116 Ebd., S. 125 f., vgl. KGW, Bd. 19, S. 48
117 Ebd., S. 126 f., vgl. KGW, Bd. 14, Brief 162
118 Ebd., S. 130 ff., vgl. KGW, Bd. 14, Brief 166
119 Ebd., S. 136 f., vgl. KGW, Bd. 14, Brief 168
120 Ebd., S. 141, vgl. KGW, Bd. 14, Brief 175
121 Ebd., S. 146, vgl. KGW, Bd. 14, Brief 177
122 Ebd., S. 140, vgl. KGW, Bd. 14, Brief 175
123 Ebd., S. 147, vgl. KGW, Bd. 14, Brief 180
124 Ebd., S. 151 f., vgl. KGW, Bd. 14, Brief 187
125 Ebd., S. 143 f., vgl. KGW, Bd. 14, Brief 177
126 KGW, Bd. 14, Brief 239, S. 334
127 Briefe I, S. 217, vgl. KGW, Bd. 15, Brief 317
128 Ebd., S. 177 f., vgl. KGW, Bd. 14, Brief 239
129 KGW, Bd. 14, Brief 189
130 Briefe I, S. 160 f., vgl. KGW, Bd. 14, Brief 203
131 Briefe I, S. 240 f., vgl. KGW, Bd. 15, Brief 323
132 KGW, Bd. 2, S. 19
133 Briefe I, S. 171 f. und S. 173 f., vgl. KGW, Bd. 14, Briefe 228 und 232
134 Ebd., S. 185 f., vgl. KGW, Bd. 14, Brief 256
135 Ebd., S. 200 f.
136 Diedrich Wattenberg: Weltharmonie oder Weltgesetz – Johannes Kepler. In: Archenhold-Sternwarte Berlin-Treptow, Vorträge und Schriften 42, Berlin-Treptow 1972, S. 21
137 Johannes Kepler: Gründlicher Bericht von einem ungewöhnlichen neuen Stern. Prag 1604, S. 3
138 Ebd., S. 4 und S. 5
139 Briefe I, S. 222, vgl. KGW, Bd. 15, Brief 335
140 Briefe I, S. 227, vgl. KGW, Bd. 15, Brief 340
141 Giora Hon: On Kepler's Awareness of the Problem of Experimental Error. In: Annals of Science 44 (1987), S. 557
142 Vgl. Johannes Kepler: Neue Astronomie. Übersetzt und eingeleitet von Max Caspar. München, Berlin 1929, S. 21
143 Ebd., S. 38
144 Die Sonne ist – von der nördlichen Hemisphäre aus gesehen – im Perihel zur Zeit der Wintersonnenwende, im Aphel zur Zeit der Sommersonnenwende
145 Briefe I, S. 198 f., vgl. KGW, Bd. 15, Brief 281
146 Brief vom 18.12.1604, in: Briefe I, S. 215, vgl. KGW, Bd. 15, Brief 308
147 Brief vom 10.12.1604, in: Briefe I, S. 208, vgl. KGW, Bd. 15, Brief 302
148 Briefe I, S. 210, vgl. KGW, Bd. 15, Brief 304
149 Ebd., S. 253, vgl. KGW, Bd. 15, Brief 351
150 Kepler: Neue Astronomie, S. 5 und S. 8
151 KGW, Bd. 4, S. 432
152 Brief vom 30.11.1607, Briefe I, S. 305, vgl. KGW, Bd. 16, Brief 463
153 Ebd.
154 Brief vom 5.3.1605, Briefe I, S. 221, vgl. KGW, Bd. 15, Brief 335
155 Briefe I, S. 248, vgl. KGW, Bd. 15, Brief 357
156 Ebd., S. 276, vgl. KGW, Bd. 15, Brief 424
157 Brief vom 9./10. April 1599, Briefe I, S. 104, vgl. KGW, Bd. 13, Brief 117

158 KGW, Bd. 4, S. 230, These CI
159 Ebd., S. 161, These VIII
160 Ebd., S. 209 f., These LXV
161 Ebd., S. 231, These CIV
162 Ebd., S. 232
163 Jörg K. Hoensch: Geschichte Böhmens. München 1992, S. 205; Erich Trunz: Wissenschaft und Kunst im Kreise Kaiser Rudolfs II. 1576–1612. Neumünster 1992, S. 9
164 KGW, Bd. 16, Brief 532
165 Ebd., Brief 560
166 Ebd., Brief 569
167 Briefe I, S. 344
168 KGW, Bd. 4, S. 305 und S. 456
169 Ebd., S. 458, vgl. KGW, Bd. 16, Brief 592
170 Ebd., S. 458, vgl. KGW, Bd. 16, Brief 572
171 Briefe I, S. 350, vgl. KGW, Bd. 16, Brief 584
172 Briefe I, S. 351, vgl. KGW, Bd. 16, Brief 587
173 Johannes Kepler: Dioptrik. Leipzig 1904, S. 4
174 Briefe I, S. 367
175 Ebd., S. 368, vgl. KGW, Bd. 4, S. 344
176 KGW, Bd. 16, Brief 604 vom 9. 1. 1611 an Galilei
177 Briefe I, S. 393
178 Ebd., S. 390
179 Vgl. Bemerkungen zu einem Brief Matthias Hafenreffers, in: Kepler: Selbstzeugnisse, S. 63
180 Ebd.
181 Vgl. Brief des Konsistoriums Stuttgart an Kepler vom 25. 9. 1612, in: Briefe II, S. 3 ff. und KGW, Bd. 17, Brief 638
182 Briefe II, S. 26, vgl. KGW, Bd. 17, Brief 669
183 Vgl. Max Caspar: Johannes Kepler. Stuttgart 1948, S. 260
184 Ebd., S. 262
185 Widmung der «Nova stereometria», in: Briefe II, S. 40 f., vgl. KGW, Bd. 9, S. 9 f.
186 Johannes Kepler: Neue Stereometrie der Fässer. Leipzig 1908, S. 94
187 KGW, Bd. 17, Brief 680
188 Ebd., Brief 734, vgl. Briefe II, S. 57 ff.
189 Ebd.
190 Ebd., vgl. Briefe II, S. 62
191 KGW, Bd. 19, S. 131 f.
192 Ebd., S. 132
193 Brief an Matthias Bernegger vom 7. 2. 1617, in: Briefe II, S. 70
194 KGW, Bd. 5, S. 129
195 Ebd., S. 411
196 Vgl. dazu KGW, Bd. 18, Brief 934
197 Caspar: Johannes Kepler, S. 282
198 KGW, Bd. 17, Brief 725, vgl. Briefe II, S. 49 f.
199 Keplers Traum vom Mond. Hg. von Ludwig Günther, Leipzig 1898, S. 3
200 Briefe II, S. 52
201 Ebd., S. 80, vgl. KGW, Bd. 17, Brief 756

202 Ebd., S. 87, vgl. KGW, Bd. 17, Brief 768
203 Ebd., S. 84 f.
204 Ebd., S. 79 f., vgl. KGW, Bd. 17, Brief 756
205 KOO, Bd. 8, S. 847, Revolutio anni 1617
206 KGW, Bd. 19, S. 134 f.
207 Vgl. KGW, Bd. 17, Brief 770
208 Briefe II, S. 98, vgl. KGW, Bd. 17, Brief 783
209 Ebd.
210 Johannes Kepler: Weltharmonik. Übersetzt und eingeleitet von Max Caspar, München 1939, S. 356
211 Ebd., S. 280
212 Ebd., S. 11
213 Ebd., S. 14 f.
214 Ebd., S. 107
215 Ebd., S. 111
216 Ebd., S. 98 f.
217 Ebd., S. 211 f.
218 Ebd., S. 267
219 Ebd., S. 268
220 Ebd., S. 291
221 Ebd., S. 351 f.
222 Ebd., S. 353 f.
223 Ebd., S. 356
224 Briefe II, S. 105 ff., vgl. KGW, Bd. 17, Brief 808
225 Briefe II, S. 111, vgl. KGW, Bd. 17, Brief 829
226 Briefe II, S. 107, vgl. KGW, Bd. 17, Brief 808
227 Briefe II, S. 127, vgl. KGW, Bd. 17, Brief 835 vom 11. 4. 1619
228 Ebd., S. 132, vgl. KGW, Bd. 17, Brief 835
229 Ebd., S. 134, vgl. KGW, Bd. 17, Brief 847
230 Bemerkungen zu einem Brief Matthias Hafenreffers, in: Kepler: Selbstzeugnisse, S. 65
231 KOO, Bd. I, S. 482
232 KGW, Bd. 16, Brief 517. Dieser Brief wurde in den KGW fälschlicherweise ins Jahr 1608 datiert. Er handelt von der Widmung eines Werkes Keplers an Jakob I. von England, von der Übergabe der Widmungsexemplare und von der Begegnung mit dem «Doctore Theologo Donne», der in der Gesandtschaft des «Herrn Doncastre» mitreise. Da Kepler Jakob I. im Oktober 1607 sein «De stella nova» geschickt hatte, nahmen die Herausgeber an, der Inhalt des Briefes beziehe sich auf diese Schrift. Da aber die Gesandtschaftsreise Lord Doncasters ins Deutsche Reich erst 1619 stattfand (und John Donne im übrigen auch erst 1616 zum «Doctor of Divinity» promoviert wurde), kann sich der Inhalt des Briefes nur auf die Widmung der «Harmonice mundi» beziehen.
233 John Donne: Ignatius His Conclave. Oxford 1969, S. 7: «Keppler, who (as himselfe testifies of himselfe) ever since Tycho Brahe's death hath received it into his care, that no new thing should be done in heaven without his knowledge.»
234 KOO, Bd. 8, S. 873
235 Briefe II, S. 135, vgl. KGW, Bd. 17, Brief 846

236 KOO, Bd. 8, S. 870, vgl. KGW, Bd. 8, S. 20, Nota 1, Neuausgabe des «Mysterium cosmographicum»
237 KGW, Bd. 7, S. 360
238 KGW, Bd. 17, Brief 841
239 Ludwig Günther: Ein Hexenprozeß. Gießen 1906, S. 45 f., vgl. KGW, Bd. 12, S. 354
240 Briefe II, S. 150 ff., vgl. KGW, Bd. 18, Brief 889
241 Ebd., S. 159, vgl. KGW, Bd. 18, Brief 905
242 Ebd., S. 153 f.
243 KGW, Bd. 18, Brief 917
244 Briefe II, S. 154 f., vgl. KGW, Bd. 18, Brief 898
245 Nova Kepleriana 7, München 1933, S. 32
246 Briefe II, S. 162 f.
247 KOO, Bd. 8, S. 880
248 KGW, Bd. 18, Brief 913
249 Briefe II, S. 187, vgl. KGW, Bd. 18, S. 479
250 KGW, Bd. 18, im Anschluß an Brief 917
251 Berthold Sutter: Der Hexenprozeß gegen Katharina Kepler. Weil der Stadt 1979, S. 90 ff.
252 Briefe II, S. 181
253 Caspar: Johannes Kepler, S. 300
254 Briefe II, S. 181 ff.
255 Ebd., S. 183 f.
256 Sutter: Der Hexenprozeß gegen Katharina Kepler, S. 116
257 Ebd., S. 117
258 KGW, Bd. 8, S. 449 f.
259 KGW, Bd. 17, Brief 831
260 KGW, Bd. 8, S. 453
261 Ebd., S. 452
262 KGW, Bd. 19, S. 362
263 Ebd., S. 362 f.
264 Ebd., S. 195 f.
265 KGW, Bd. 18, Brief 923
266 Briefe II, S. 187, vgl. KGW, Bd. 18, Brief 934
267 KGW, Bd. 18, Brief 993
268 Keplers Traum vom Mond, S. 27 f.
269 Briefe II, S. 199, vgl. KGW, Bd. 18, Brief 963
270 Ebd., S. 126, vgl. KGW, Bd. 17, Brief 827
271 KGW, Bd. 18, Brief 974, S. 164
272 Briefe II, S. 197, vgl. KGW, Bd. 18, Brief 955
273 KGW, Bd. 18, Briefe 974, 977, 993
274 Briefe II, S. 205, vgl. KGW, Bd. 18, Brief 983
275 Ebd.
276 Ebd., S. 209, vgl. KGW, Bd. 18, Brief 1014
277 Vgl. Briefe II, S. 242, KGW, Bd. 18, Brief 1045
278 KGW, Bd. 19, S. 144
279 Jürgen Hübner: Die Theologie Johannes Keplers. Tübingen 1975, S. 87
280 Briefe II, S. 207, vgl. KGW, Bd. 18, Brief 1010
281 Ebd., S. 210 f., vgl. KGW, Bd. 8, Brief 1014

282 Ebd., S. 207, vgl. KGW, Bd. 18, Brief 1010
283 Ebd., S. 222, vgl. KGW, Bd. 18, Brief 1031
284 KGW, Bd. 18, Briefe 998, 999, 1000, 1001
285 Ebd., Brief 1016
286 Ebd., Brief 1020
287 Hübner: Die Theologie Johannes Keplers, S. 87
288 Briefe II, S. 214 f., vgl. KGW, Bd. 18, Brief 1021
289 Ebd., S. 218 f., vgl. KGW, Bd. 18, Brief 1026
290 Ebd., S. 223 f., vgl. KGW, Bd. 18, Brief 1031
291 KGW, Bd. 18, Brief 1031 a
292 Briefe II, S. 228, vgl. KGW, Bd. 18, Brief 1036; siehe auch KGW, Bd. 10, S. 25*
293 Ebd.
294 Ebd., S. 231, vgl. KGW, Bd. 18, Brief 1037
295 Ebd.
296 KGW, Bd. 18, Brief 1065
297 Briefe II, S. 229, vgl. KGW, Bd. 18, Brief 1038
298 Vgl. Briefe II, S. 237, KGW, Bd. 18, Brief 1040
299 KGW, Bd. 10, S. 16
300 Ebd., S. 36 ff.
301 Vgl. Volker Bialas: Die Rudolphinischen Tafeln von Johannes Kepler. In: Nova Kepleriana, Neue Folge – Heft 2, München 1969
302 Ebd., siehe auch: Owen Gingerich: The Computer versus Kepler. In: American Scientist, No. 2, June 1964
303 KGW, Bd. 10, S. 45* und S. 88
304 Vgl. KGW, Bd. 18, Brief 1058
305 Briefe II, S. 250, vgl. KGW, Bd. 18, Brief 1056
306 Ebd., S. 253, vgl. KGW, Bd. 18, Brief 1064
307 KGW, Bd. 18, Brief 1066
308 KGW, Bd. 18, Brief 1073
309 KOO, Bd. 8, S. 343 ff.
310 Vgl. Briefe II, S. 278
311 KGW, Bd. 18, Brief 1073
312 Briefe II, S. 280, vgl. KGW, Bd. 18, Brief 1086
313 KGW, Bd. 18, Brief 1116
314 KGW, Bd. 19, S. 149 f.
315 Briefe II, S. 303, vgl. KGW, Bd. 11,1, S. 470
316 Ebd. S. 279, vgl. KGW, Bd. 19, S. 165
317 Ebd., S. 284, vgl. KGW, Bd. 18, Brief 1102
318 Ebd., S. 292, vgl. KGW, Bd. 18, Brief 1111
319 KGW, Bd. 18, Briefe 1096, 1098, 1101
320 Briefe II, S. 307 f., vgl. KGW, Bd. 11,1, S. 469 ff.
321 Ebd., S. 291, vgl. KGW, Bd. 18, Brief 1111
322 Ebd., S. 285, vgl. KGW, Bd. 18, Brief 1105
323 Vgl. ebd., S. 289, KGW, Bd. 18, Brief 1111
324 Ebd., S. 297 ff., vgl. KGW, Bd. 18, Brief 1116
325 Ebd., S. 294 ff., vgl. KGW, Bd. 18, Brief 1115
326 Ebd., S. 313, vgl. KGW, Bd. 18, Brief 1120
327 Vgl. KGW, Bd. 19, S. 176 ff.
328 Briefe II, S. 316, vgl. KGW, Bd. 18, Brief 1134

329 Ebd., S. 316, vgl. KGW, Bd. 18, Brief 1134
330 Ebd., S. 318 f., vgl. KGW, Bd. 18, Brief 1135
331 Ebd., S. 323, vgl. KGW, Bd. 18, Brief 1144
332 Ebd., S. 329
333 Ebd., S. 323, vgl. KGW, Bd. 18, Brief 1144
334 Ebd., S. 325 f., KGW, Bd. 18, Brief 1145
335 Ebd., S. 334, vgl. KGW, Bd. 18, Brief 1146
336 KGW, Bd. 19, S. 393
337 Briefe II, S. 326
338 Vgl. Hon: On Keplers's Awareness of the Problem of Experimental Error, S. 547
339 Vgl. u. a. Briefe I, S. 21
340 Vgl. Stephan Füssel (Hg.): Astronomie und Astrologie in der frühen Neuzeit. Nürnberg 1990, S. 7 f.
341 Friedrich Cramer: Chaos und Ordnung. Frankfurt a. M. 1993, S. 184 f.

Zeittafel

1571	am 27. Dezember wird Johannes Kepler in der Freien Reichsstadt Weil der Stadt geboren
1573	Der Vater verläßt die Familie und kämpft auf seiten Spaniens gegen die Niederländer
1575	Die Mutter zieht dem Vater nach. Johannes Kepler erkrankt an den Pocken. Rückkehr der Eltern nach Weil der Stadt. Umzug nach Leonberg (Württemberg)
1577	Johannes Kepler besucht in Leonberg den deutschen Lese- und Schreibunterricht anschließend
1578/79	die Lateinschule
1579	Die Familie zieht nach Ellmendingen um, pachtet und bewirtschaftet das Gasthaus «Zur Sonne». Johannes Kepler muß mithelfen. Erst im Winter
1582	kann er die zweite und ein Jahr später, im Winter
1583	die dritte Lateinschulklasse vollenden. Die Familie kehrt nach Leonberg zurück. Am 17. Mai besteht Johannes Kepler in Stuttgart das Landexamen
1584	Am 16. Oktober wird er in die Klosterschule Adelberg aufgenommen
1586	Abschlußprüfung in Adelberg und Aufnahme in die Klosterschule Maulbronn (26.11.)
1588	Kepler besteht in Tübingen die Baccalaureatsprüfung (25.9.) und kehrt für ein letztes Jahr nach Maulbronn zurück
1589	wird Kepler am 17. September in das Tübinger Stift aufgenommen und beginnt sein Studium an der Artistenfakultät
1590	Tod des Vaters Heinrich Kepler
1591	Am 11. August beendet Kepler sein Studium an der Artistenfakultät mit dem Magister artium und beginnt sein Theologiestudium
1594	Vorzeitiges Ende des Theologiestudiums. Kepler nimmt die Stelle eines Mathematikprofessors an der Grazer Stiftsschule an. Ankunft in Graz am 11. April
1595	Arbeit am *Mysterium cosmographicum (Weltgeheimnis)*
1596	Ende Januar reist Kepler nach Tübingen, um dort das *Weltgeheimnis* zum Druck zu bringen. Rückkehr nach Graz im Sommer
1597	Das *Weltgeheimnis* erscheint. Kepler heiratet am 27. April Barbara Müller. Abfassung seiner Selbstcharakteristik
1598	Geburt und Tod des ersten Kindes Heinrich. Gegenreformation in der Steiermark. Ende September Ausweisung der protestantischen Stifts-, Kirchen- und Schulangestellten; Kepler kann als einziger zurückkehren

1599 Geburt und Tod der Tochter Susanna

1600 Besuch bei Tycho Brahe auf Schloß Benatek bei Prag. Differenzen und Angebot zusammenzuarbeiten. Rückkehr nach Graz im Juni. Ausweisung Mitte September. Ankunft in Prag am 19. Oktober mit Wechselfieber. Kepler schreibt im Auftrag Tycho Brahes die *Apologia pro Tychone contra Ursum*

1601 Nach dem Tod seines Schwiegervaters reist Kepler nach Graz. Besteigung des Schöckl. Rückkehr nach Prag im September. Kaiser Rudolf II. beauftragt Brahe und Kepler, die *Rudolfinischen Tafeln* herauszugeben. Tycho Brahe stirbt am 24. Oktober. Kepler wird zum Kaiserlichen Mathematiker ernannt. *De fundamentis astrologiae certioribus* erscheint, Arbeit am *Hipparch* und an *Ad Vitellionem paralipomena*, die sich in die Folgejahre ausdehnt

1602 Geburt der Tochter Susanna am 9. Juli

1604 Die *Ad Vitellionem paralipomena quibus astronomiae pars optica traditur* erscheinen, im Herbst gefolgt vom *Gründlichen Bericht von einem ungewöhnlichen newen Stern.* Arbeit an den Mars-Kommentaren. Am 3. Dezember wird der Sohn Friedrich geboren

1606 *De stella nova in pede serpentarii* erscheint zusammen mit *De stella tertii honoris in cygno* und *De Iesu Christi servatoris nostri vero anno natalitio*

1607 Kepler beobachtet Sonnenflecken, die er für einen Durchgang des Merkur durch die Sonne hält. Am 21. Dezember Geburt von Ludwig Kepler

1608 *Außführlicher Bericht von dem newlich im Monat Septembri und Octobri diß 1607. Jahrs erschienenen Haarstern oder Cometen und seinen Bedeutungen*

1609 *Phaenomenon singulare seu Mercurius in sole* erscheint. Kepler reist nach Heidelberg, wo seine *Astronomia nova seu physica coelestis, tradita commentariis de motibus stellae Martis* gedruckt wird, und weiter zur Frankfurter Frühjahrsmesse. Rückreise über Württemberg (Stellensuche). Im Herbst erscheint die *Antwort auf D. Helisaei Röslini Discurs von heutiger zeit beschaffenheit*

1610 *Tertius interveniens* kommt heraus. Galilei meldet in seinem «Sidereus nuncius» die Entdeckung von vier neuen Planeten, die Kepler in seiner *Dissertatio cum nuncio sidero* als Jupiter-Trabanten identifiziert. Galilei beobachtet die Saturnringe und die Phasen der Venus. Kepler schreibt die *Dioptrice*, die

1611 erscheint. *Strena seu de nive sexangula* kommt als Neujahrsgabe heraus. Keplers Sohn Friedrich stirbt am 19. Februar, seine Frau Barbara am 3. Juli. Kepler schließt einen Arbeitsvertrag mit den Linzer Ständen

1612 Am 20. Januar stirbt Rudolf II. Kepler wird von Kaiser Matthias als Kaiserlicher Mathematiker bestätigt und geht als Landschaftsmathematiker nach Linz. Ausschluß vom Abendmahl

1613 Als Gutachter in der Kalenderfrage auf dem Reichstag in Regensburg. Eheschließung mit Susanna Reuttinger am 30. Oktober. Kepler schreibt die *Nova stereometria doliorum vinariorum.* Der *Bericht vom Geburtsjahr Christi* erscheint in Straßburg

1614 Arbeit an den *Rudolfinischen Tafeln* und der oberösterreichischen Landkarte. *Libellus de anno natali Christi*

1615 Geburt der Tochter Margarethe Regina am 7. Januar. Keplers Bruder

Heinrich stirbt am 27. Februar. Die *Nova stereometria doliorum vinariorum* und die *Eclogae chronicae* erscheinen. Keplers Mutter Katharina wird in Leonberg als Hexe verklagt

1616 Kepler schaltet sich brieflich in das Verfahren gegen seine Mutter ein und besorgt ihr Rechtsanwälte. *Außzug auß der uralten Messekunst Archmedis* erscheint in Linz. Arbeit an der *Epitome astronomiae Copernicanae*

1617 Geburt der Tochter Katharina am 31. Juli, ihre Schwester Margarethe Regina stirbt am 8. September. Tod der Stieftochter Regina. Reise nach Württemberg. Kepler veröffentlicht die *Ephemerides ad annum 1618* und schließt den ersten Teil der *Epitome astronomiae Copernicanae* ab. Rückkehr nach Linz im Dezember

1618 Nach dem Tod der Tochter Katharina am 9. Februar vollendet Kepler die Niederschrift der *Harmonice mundi.* Am 15. Mai, acht Tage vor Ausbruch des Dreißigjährigen Krieges, findet Kepler sein 3. Planetengesetz. Die *Ephemerides ad annum 1617* erscheinen mit Verspätung. Die ersten drei Bücher der *Epitome astronomiae Copernicanae* kommen in Linz heraus

1619 Geburt des Sohnes Sebald am 28. Januar. Kaiser Matthias stirbt am 20. März. Kaiserkrönung Ferdinands II. am 28. August. Die *Harmonices mundi libri V* und *De cometis libelli tres* erscheinen. Kepler verfaßt sein *Glaubensbekandtnus.* Hafenreffer bestätigt Keplers Ausschluß vom Abendmahl. *Ephemerides in annum 1620* kommen heraus

1620 *Ephemerides in annum 1619* und *Epitomes astronomiae Copernicanae libri IV* erscheinen. Keplers Mutter wird am 7. August verhaftet. Kepler reist zu ihrer Verteidigung nach Württemberg, seine Familie läßt er in Regensburg zurück. Dort wird

1621 am 22. Januar die Tochter Cordula geboren. *Bericht von den Finsternissen der Jahre 1620 und 1621* erscheint. *Epitomes astronomiae Copernicanae libri V–VII* kommen zur Frankfurter Herbstmesse heraus, zusammen mit einer Neuauflage des *Mysterium cosmographicum.* Freispruch der Mutter am 3. Oktober. Rückkehr nach Linz, wo Kepler erfährt, daß er als Kaiserlicher Mathematiker bestätigt worden ist

1622 Überarbeitung des *Mondtraums*, Abfassung der *Chilias logarithmorum* (erscheint 1624), Arbeit an den *Tabulae Rudolphinae.* Gegenreformation in Linz. Tod der Mutter am 13. April

1623 Geburt des Sohnes Friedmar am 24. Januar. Kepler veröffentlicht den *Discurs von der großen Conjunction.* Am 15. Juni stirbt der Sohn Sebald. Arbeit an den *Rudolfinischen Tafeln*, die sich bis

1624 hinzieht. Im Anschluß schreibt Kepler *Tychonis Brahei Dani hyperaspistes* und reist im Herbst nach Wien, um Geld für den Druck der *Tabulae Rudolphinae* zu erbitten

1625 Im Januar Rückkehr aus Wien. Geburt des Sohnes Hildebert am 6. April. Kepler reist nach Augsburg, Kempten, Memmingen und Nürnberg, um Geld für den Druck der *Rudolfinischen Tafeln* einzutreiben. Rückkehr nach Linz. Das Reformationspatent vom 20. Oktober löst in Oberösterreich einen Bauernaufstand aus. Drangsalierung und Vertreibung der Protestanten; Kepler und seine Mitarbeiter sind von der Ausweisung ausgenommen

1626 Der Bauernaufstand erreicht Linz. Die Druckerei von Johannes Plank geht in Flammen auf. Kepler verläßt Linz, um die *Rudolfinischen Tafeln* in Ulm zu drucken; seine Familie bleibt derweilen in Regensburg

1627 Arbeit am Druck der *Rudolfinischen Tafeln*. Kepler reist mit den ersten fertigen Exemplaren zur Herbstmesse nach Frankfurt. Suche nach einem neuen Wirkungsfeld. Kepler reist über Ulm nach Regensburg zu seiner Familie und von dort aus nach Prag, um dem Kaiser die *Rudolfinischen Tafeln* zu übergeben

1628 Wallenstein bietet Kepler eine Stelle als Mathematiker in Sagan an. Kepler sagt zu und zieht Ende Juli dorthin. Zusammenarbeit mit Jakob Bartsch bei der Edition der *Ephemeriden*

1629 Die *Sportula* und *De raris mirisque anni 1631 phaenomenis* erscheinen. Kepler richtet in Sagan eine eigene Druckerei ein

1630 Druck der *Ephemeriden* 1621 bis 1636 und von Teilen des *Mondtraums*. Heirat von Susanna Kepler und Jakob Bartsch in Sraßburg. Geburt der Tochter Anna Maria am 18. April. Die Entlassung Wallensteins (13.9.) alarmiert Kepler. Er reist über Leipzig und Nürnberg nach Regensburg, wo er am 15. November stirbt

Zeugnisse

Samuel Butler
The Elephant in the Moon

[Eine «Virtuous learn'd society» erkundet den Mond, um dort vielleicht eine Kolonie zu gründen]

A Task in vain, unless the German Kepler
Had found out a Discovery to people her,
And stock her Country with Inhabitants
Of military Men, and Elephants [...]

Zitiert nach Marjorie Nicolson: Voyages to the Moon.
New York 1948, S. 47 f.

Georg Wilhelm Friedrich Hegel
Die Gesetze der absolut-freien Bewegung sind bekanntlich von Kepler entdeckt worden; eine Entdeckung von unsterblichem Ruhme. Bewiesen hat Kepler dieselbe in dem Sinne, daß er für die empirischen Data ihren allgemeinen Ausdruck gefunden hat [...]. Es ist seitdem zu einer allgemeinen Redensart geworden, daß Newton erst die Beweise jener Gesetze gefunden habe. Nicht leicht ist ein Ruhm ungerechter von einem ersten Entdecker auf einen anderen übergegangen.

Enzyklopädie § 270. In: Werke in zwanzig Bänden. Bd. 9,
Frankfurt 1970, S. 86

Friedrich Hölderlin
Keppler
Unter den Sternen ergehet sich
Mein Geist, die Gefilde des Uranus
Überhin schwebt er und sinnt; einsam ist
Und gewagt, ehernen Tritt erheischet die Bahn [...]

Sämtliche Werke. Hg. von Friedrich Beißner. Bd. 1,
Stuttgart 1944, S. 80

Novalis
Je *mehr Gegenstand* – desto größer die Liebe zu ihm – einem absoluten Gegenstand kommt abs[solute] Liebe entgegen. Zu dir kehr ich zurück, edler Kepler, dessen hoher Sinn ein vergeistigtes, sittliches Weltall sich erschuf, statt daß in unsern Zeiten es für Weisheit gehalten wird – alles zu ertöten, das Hohe zu erniedri-

gen, statt das Niedre zu erheben – und selber den Geist des Menschen unter die Gesetze des Mechanismus zu beugen.

Fragmente und Studien, Fragment Nr. 92, in: Novalis: Werke. Hg. von Gerhard Schulz, München 1969, S. 407

Friedrich Schlegel

Der deutsche Künstler hat keinen Charakter oder den eines Albrecht Dürer, Kepler, Hans Sachs, eines Luther und Jakob Böhme. Rechtlich, treuherzig, gründlich, genau und tiefsinnig ist dieser Charakter, dabei unschuldig und etwas ungeschickt.

Athenäum III, 1, 1800, S. 25

Adalbert Stifter

In Linz hat auch einmal so ein moralisch Gekreuzigter gelebt, dessen Spuren ich hier oft mit schauernder Ehrfurcht nachgehe, [...] der Sternenkundige Kepler. Weil er hier die Gesetze der Planetenbewegung fand, schalten ihn die Stände, daß er Hirngespinsten nachgehe, statt ihnen seiner Pflicht gemäß das Land zu vermessen. Die Stände hatten mit Ausnahme der Hirngespinste gar nicht einmal unrecht; denn Kepler bezog sein Gehalt als Landvermesser.

Brief an Gustav Heckenast vom 29. 7. 1858. In: Sämtliche Werke. Hg. von Gustav Wilhelm. Bd. 19, Hildesheim [2]1972, S. 130

Arthur Koestler

[Zu Keplers *Astronomia nova*] Wir sind Augenzeugen des zögernden Auftauchens der modernen Begriffe Kraft und Strahlungsenergie, die beide sowohl Stoffliches als auch Unstoffliches bezeichnen und wenn man's genau nimmt, ebenso doppeldeutig und verwirrend sind, wie die mystischen Anschauungen, die sie ersetzen.

Die Nachtwandler – Das Bild des Universums im Wandel der Zeit. Berlin, München, Wien 1959, S. 259

Hubert Cremer

Auf Kepler'schen Ellipsen hetzen
gemäß den Coulombschen Gesetzen
die Elektronen froh und gern
wohl um den positiven Kern.
Doch sind hierbei, wie überhaupt,
diskrete Bahnen nur erlaubt.
[...]

Carmina Mathematica. Aachen 1962, S. 20

Carl Friedrich von Weizsäcker

Aber für die antike Astronomie und genau ebenso für Kopernikus war es eine heilige Wahrheit, daß Himmelskörper sich auf exakten Kreisen bewegen. Der Kreis war die vollkommenste Kurve, und die himmlischen Körper waren die vollkommensten Körper; in manchen Weltbildern galten sie selbst als göttliche oder engelhafte Mächte. Niemand in unserer Zeit kann sich noch vorstellen, was für eine gotteslästerliche Unmöglichkeit es gewesen wäre, zu meinen, diese vollkommenen Körper könnten unvollkommene Bewegungen ausführen. Dies nötigte den

Astronomen Beschränkungen auf, die ihre Systeme weniger flexibel machten, als es sonst nötig gewesen wäre.

Die Tragweite der Wissenschaft. Bd. 1, Stuttgart [4]1973, S. 102

Wilhelm Windelband

Die moderne Naturforschung ist als empirischer Pythagoreismus geboren worden. Diese Aufgabe hatte schon Lionardo da Vinci gesehen, – sie zuerst gelöst zu haben ist der Ruhm Keplers. Das psychologische Motiv seines Forschens war die philosophische Überzeugung von der mathematischen Ordnung des Weltalls; und er bestätigte diese, indem er durch eine großartige Intuition die Gesetze der Planetenbewegung entdeckte.

Lehrbuch der Geschichte der Philosophie. Tübingen [16]1976, S. 332

Rudolf Arnheim

Die Geschichte der Kegelschnittheorien ist ein schönes Beispiel von Verallgemeinerung im produktiven Denken. [...] Zu solchen Verallgemeinerungen kam es zum Beispiel im mathematischen Denken von Kepler, Desargues und Poncelet, als sie die Theorie der Kegelschnitte entwickelten. Sie entdeckten, daß eine Anzahl selbständiger geometrischer Figuren unter einen gemeinsamen Nenner gebracht werden konnte. Wie aber gingen sie dabei vor? Bedienten sie sich der Induktion? Suchten sie nach gemeinsamen Merkmalen im Kreis, in der Ellipse, der Hyperbel? Und setzte sich der neue, allgemeinere Begriff aus diesen gemeinsamen Merkmalen zusammen?

Nein, etwas grundsätzlich anderes geschah. Jene geometrischen Grundfiguren hatten seit dem Altertum als brauchbare, selbständige Dinge gedient. Nun aber bot sich ein neues anschauliches Ganzes an, der Kegel mit seinen Schnitten, in den sich die bis dahin beziehungslosen Figuren als Teile einfügen ließen. Ein neues Verständnis für den strukturellen Charakter dieser Figuren ergab sich aus den Beziehungen, die sie, wie man nun entdeckte, zu ihren Nachbaren in einer stetigen Abfolge von Formen hatten, sowie auch aus ihrer Lage in der anschaulichen Gesamtform des Kegels. Die Verallgemeinerung bestand also in einer Umstrukturierung, die sich aus der Entdeckung eines umfassenden Ganzen ergab.

Anschauliches Denken. Zur Einheit von Bild und Begriff. Köln, 1977

Heinrich Heine

Was ist das, die schwäbische Schule? Es ist noch nicht lange her, daß ich selber an mehrere reisende Schwaben diese Frage richtete, und um Auskunft bat. Sie wollten lange nicht mit der Sprache heraus und lächelten sonderbar [...]. In meiner Einfalt glaubte ich anfangs, unter dem Namen schwäbische Schule verstünde man jenen blühenden Wald großer Männer, der dem Boden Schwabens entsprossen, jene Rieseneichen, die bis in den Mittelpunkt der Erde wurzeln, und deren Wipfel hinaufragt bis an die Sterne... Und ich frug: nicht wahr, Schiller gehört dazu, der wilde Schöpfer, der die «Räuber» schuf? Nein, lautete die Antwort, mit dem haben wir nichts zu schaffen, solche Räuberdichter gehören nicht zur schwäbischen Schule; bei uns gehts hübsch ordentlich zu, und der Schiller hat auch früh aus dem Land hinaus müssen. [...] [Auch Schelling wird ebensowenig zur schwäbischen Schule gerechnet wie Hegel und David Strauss]

Aber um Himmels willen – rief ich aus, nachdem ich fast alle große Namen Schwabens aufgezählt hatte, und bis auf alte Zeiten zurückgegangen war, bis auf

Keppler, den großen Stern, der den ganzen Himmel verstanden, ja bis auf die Hohenstaufen, die so herrlich auf Erden leuchteten, irdische Sonnen im deutschen Kaisermantel – wer gehört denn eigentlich zur schwäbischen Schule?

Wohlan, antwortete man mir, wir wollen Ihnen die Wahrheit sagen: die Renommeen, die Sie eben aufgezählt, sind viel mehr europäisch als schwäbisch, sie sind gleichsam ausgewandert und haben sich dem Auslande aufgedrungen, statt daß die Renommeen der schwäbischen Schule jenen Kosmopolitismus verachten und hübsch patriotisch und gemütlich zu Hause bleiben bei den Gelbveiglein und Metzelsuppen des teuren Schwabenlandes. Und nun kam ich endlich dahinter, von welcher bescheidenen Größe jene Berühmtheiten sind, die sich seitdem als schwäbische Schule aufgetan [...].

Der Schwabenspiegel. In: Schriften über Deutschland.
Werke Bd. 4, Frankfurt a. M. 1968, S. 318 f.

Bibliographie

Bibliographien

Caspar, Max (Hg.): Bibliographia Kepleriana. München [2]1968. (Die zweite, von Martha List bearbeitete Auflage der Bibliographia Kepleriana enthält die Liste der Erstdrucke, späterer Ausgaben und der Sekundärliteratur bis 1966)

List, Martha: Bibliographia Kepleriana 1967–1975. In: Arthur und Peter Beer: Kepler – Four Hundred Years. Vistas in Astronomie Vol. 18, Oxford 1975, S. 955–1010

List, Martha: Bibliographia Kepleriana 1975–1978. In: Vistas in Astronomy Vol. 22, Oxford 1978, S. 1–18

Gesamtausgaben

Joannis Kepleri Astronomi Opera omnia edidit Christian Frisch. 8 Bde., Frankfurt a. M., Erlangen 1858–1871

Johannes Kepler: Gesammelte Werke. 22 Bände, hg. im Auftrag der deutschen Forschungsgemeinschaft und der Bayerischen Akademie der Wissenschaften, München 1937 ff. (noch nicht abgeschlossen)

Später aufgefundene Drucke und Handschriften

Nova Kepleriana: Wiederaufgefundene Drucke und Handschriften von Johannes Kepler. Hg. von der Bayerischen Akademie der Wissenschaften, Bd. 1–9, München 1910–1936

Nova Kepleriana – Neue Folge. Hg. von der Bayerischen Akademie der Wissenschaften, München 1969 ff.

Einzelausgaben

Das Weltgeheimnis [Mysterium cosmographicum, Tübingen 1597]. Hg. und übersetzt von Max Caspar, Augsburg 1923 und München, Berlin 1936

A Defence of Tycho against Ursus [Apologia pro Tychone contra Ursum, verfaßt 1600/01, unvollendet]. In: Nicholas Jardine: The Birth of History and Philosophy of Science. Cambridge 1984

Grundlagen der geometrischen Optik im Anschluß an die Optik des Witelo [Ad Vitellionem paralipomena, 1604]. Übersetzt von Ferdinand Plehn, hg. von Moritz v. Rohr. Leipzig 1922

De coni sectionibus / Über die Kegelschnitte [Auszug aus: Ad Vitellionem paralipomena, 1604]. Hg. und übersetzt von Thomas Dittert. Baunatal 1990

Neue Astronomie [Astronomia Nova, 1609]. Übersetzt und eingeleitet von Max Caspar. München, Berlin 1929

Warnung an die Gegner der Astrologie [Tertius interveniens, Frankfurt a. M. 1610]. Einführung und Glossar von Fritz Krafft. München 1971
Dissertatio cum nuncio sidereo / Unterredung mit dem Sternenboten [Prag 1610]. Übersetzt von Franz Hammer, hg. von Werner Lehmann. Gräfelfing 1964
Vom sechseckigen Schnee / Strena seu de nive sexangula [Frankfurt a. M. 1611], Leipzig 1987
Dioptrik [Dioptrice 1611]. Übersetzt und hg. von Ferdinand Plehn. Leipzig 1904
Neue Stereometrie der Fässer [Nova stereometria doliorum vinariorum, Linz 1615]. Hg. von R. Klug. Leipzig 1908
Unterricht vom H. Sacrament des Leibs und Bluts Jesu Christi unseres Erlösers [anonym Prag 1617]. Bearbeitet von Jürgen Hübner, in: Nova Kepleriana N. F. Heft 1. München 1969
Epitome astronomiae Copernicanae [1618–1621]. Auszüge in englischer Übersetzung in: Great Books of the Western World, Vol. 16, hg. von Robert Maynard Hutchins. Chicago 1975
Weltharmonik [Harmonice mundi, 1619]. Übersetzt und eingeleitet von Max Caspar. München 1939, Neudruck Darmstadt 1967
Kosmische Harmonie [Auszüge aus den Büchern 3, 4 und 5 der «Harmonice mundi»]. Hg. und übertragen von Walter Harburger, Leipzig 1925, Neudruck Frankfurt a. M. 1980
Das Glaubensbekenntnis [Straßburg 1623]. Hg. von Walther v. Dyck. München 1912
Keplers Traum vom Mond [Somnium seu opus posthumum de astronomia Lunari, Frankfurt a. M. 1634]. Hg. von Ludwig Günther. Leipzig 1898

Briefe und Selbstzeugnisse

Caspar, Max; Walther v. Dyck (Hg.): Johannes Kepler in seinen Briefen. 2 Bde., München 1930
Hammer, Franz (Hg.): Johannes Kepler – Selbstzeugnisse. Stuttgart-Bad Cannstatt 1971
List, Martha (Hg.): Johannes Kepler: Der Mensch und die Sterne – Aus seinen Werken und Briefen. Wiesbaden 1953
–; Ruth Breitsohl-Klepser (Hg.): Heiliger ist mir die Wahrheit. Johannes Kepler aus dem Nachlaß. Stuttgart 1976

Biographien und Dokumentationen

Armitage, Angus: John Kepler. London 1966
Baumgardt, Carola: Johannes Kepler, Leben und Briefe. Eingeleitet von Albert Einstein, Wiesbaden 1953
Bindel, Ernst: Johannes Kepler, Mathematiker der Weltgeheimnisse. Stuttgart 1971
Breitschwert, Johann Ludwig Christian: Johannes Kepplers Leben und Wirken, nach neuerlich aufgefundenen Manuscripten bearbeitet. Stuttgart 1831
Caspar, Max: Johannes Kepler. Stuttgart 1948
Doebel, Günter: Johannes Kepler. Er veränderte das Weltbild. Graz 1983
Gerlach, Walther; Martha List: Johannes Kepler 1571 Weil der Stadt – 1630 Regensburg. Dokumente zu Lebenszeit und Lebenswerk. München 1971
Hansch, Michael Gottlieb: Joannis Keppleri Vita. In: Joannis Keppleri aliorumque Epistolae mutuae, Leipzig 1718
Hoppe, Johannes: Johannes Kepler. Leipzig 1982

Reitlinger, Edmund; C. W. Neumann; C. Gruner: Johannes Kepler. Stuttgart 1868
Schmidt, Justus: Johann Kepler. Sein Leben in Bildern und eigenen Berichten. Linz 1970
Wattenberg, Diedrich: Weltharmonie oder Weltgesetz – Johannes Kepler. Berlin-Treptow 1972
Wollgast, Siegfried; Siegfried Marx: Johannes Kepler. Köln 1977

Gedenkschriften

Akademischer Senat der Karl-Franzens-Universität (Hg.): Johannes Kepler 1571–1971. Gedenkschrift der Universität Graz. Graz 1975
Beer, Arthur, Peter Beer (Hg.): Johannes Kepler, Four Hundred Years. Proceedings of Conferences held in Honour of J. Kepler. In: Vistas in Astronomy, Vol. 18. Oxford 1975
Bialas, Volker, u. a.: Johannes Kepler zur 400. Wiederkehr seines Geburtstages: In: Deutsches Museum. Abhandlungen und Berichte, 39. Jg. 1971, Heft 1
Krafft, Fritz, u. a.: Internationales Kepler-Symposium 1971. In: Arbor Scientiarum, Reihe A, Bd. 1, Hildesheim 1973
Naturwissenschaftlicher Verein Regensburg (Hg.): Kepler-Festschrift Regensburg 1971. In: Acta Albertina Ratisbonensia, Bd. 32, Regensburg 1971
Philosophia Naturalis (Bd. 13, Heft 1): Zur 400. Wiederkehr des Geburtstages von Johannes Kepler. Meisenheim/Glan 1971

Untersuchungen

Baigrie, Brian S.: Kepler's Laws of Planetary Motion, before and after Newton's Principia. An Essay on the Transformation of Scientific Problems. In: Studies in History and Philosophy of Science, Vol. 18 [N 2], 1987, S. 177–208
–: The Justification of Kepler's Ellipse, in: Studies in History and Philosophy of Science Vol. 21 [N 4]. 1990, S. 633–664
Baschwitz, Kurt: Hexen und Hexenprozesse. München 1963
Brackenridge, J. Bruce: Kepler, Elliptical Orbits, and Celestial Circularity: A Study in the Persistence of Metaphysical Commitment. In: Annals of Science 39 (1982), S. 117–143 und S. 265–295
Caspar, Max: Johannes Keplers wissenschaftliche und philosophische Stellung. In: Schriften der Corona 13, München 1935
–: Kopernikus und Kepler. München 1943
Cassirer, Ernst: Das Erkenntnisproblem in der Philosophie und Wissenschaft der neueren Zeit. Berlin 1911, Nachdruck Darmstadt 1971
Cifoletti, G.: Kepler de Quantitatibus. In: Annals of Science, Vol. 43. [N 3], 1986, S. 213–238
Crombie, A. C.: Expectation, Modeling and Assent in the History of Optics. 2. Kepler and Descartes. In: History and Philosophy of Science, Vol. 22 [N 1], 1991, S. 89–115
Dickreiter, Michael: Der Musiktheoretiker Johannes Kepler. Neue Heidelberger Studien zur Musikwissenschaft, Bd. 5, Bern, München 1972
Döring, Detlef: Die Beziehung zwischen Johannes Kepler und dem Leipziger Mathematikprofessor Philipp Müller. Berlin 1986
Field, Judith V.: Kepler's Geometrical Cosmology. London 1988
–: A Lutheran Astrologer – Johannes Kepler. In: Archive for History of Exact Sciences, Vol. 31 [N 3], 1984, S. 189–272

Franklin, A.; C. Howson: Newton and Kepler – A Bayesian Approach. In: Studies in History and Philosophy of Science, Vol. 16 [N 4], 1985, S. 379–385
Freiesleben, Hans Christian: Kepler als Forscher. Darmstadt 1970
Füssel, Stephan (Hg.): Astronomie und Astrologie in der frühen Neuzeit. In: Pirckheimer-Jahrbuch, Bd. 5, 1989/90
Gerlach, Walther: Johannes Kepler und die Copernicanische Wende. In: Nova Acta Leopoldina N. F., Bd. 37/2, Halle/Saale 1973
–: Humor und Witz in den Schriften von J. Kepler. In: Sitzungsberichte der Bayerischen Akademie der Wissenschaften (math.-naturwiss. Klasse), München 1968
Gipper, Helmut: Denken ohne Sprache? [darin: Fallstudie Johannes Kepler] Düsseldorf 1978, S. 125–165
Goldbeck, Ernst: Keplers Lehre von der Gravitation. Halle/Saale 1896, Neudruck Hildesheim 1980
Hallyn, Fernand: The Poetic Structure of the World. New York 1990
Hammer, Franz; Georg Trump: Weil der Stadt und Johannes Kepler. Stuttgart 1960
–: Johannes Keplers Ulmer Jahr. In: Ulm und Oberschwaben, Bd. 34, 1955, S. 80ff.
Holton, Gerald: Thematic Origins of Scientific Thought. Kepler to Einstein. Cambridge/Mass. 1973
–: The Scientific Imagination – Case Studies. Cambridge/Mass. 1978
Hon, Giora: On Kepler's Awareness of the Problem of Experimental Error. In: Annals of Science, Vol. 44 [N 6], 1978, S. 545–591
Hübner, Jürgen: Die Theologie Johannes Keplers zwischen Orthodoxie und Naturwissenschaft. Tübingen 1975
Jardine, Nicholas: The Birth of History and Philosophy of Science. Kepler, A Defence of Tycho against Ursus with Essays on its Provenance and Significance. Cambridge 1984
–: Forging of Modern Realism. Clavius and Kepler against the Sceptics. In: Studies in History and Philosophy of Science, Vol. 10, 1979, S. 141–173
Kleiner, Scott A.: An New Look at Kepler and Abductive Argument. In: Studies in History and Philosophy of Science, Vol. 14, 1983, S. 279–313
Koch, Walter A.: Aspektlehre nach Johannes Kepler – Die Formsymbolik von Ton, Zahl und Aspekt. Bietigheim 1979
Koestler, Arthur: Die Nachtwandler. Bern, Wien, Stuttgart 1959
Koyré, Alexandre: A Documentary History of the Problem of Fall from Kepler to Newton. Philadelphia 1955
Lindberg, David C.: Auge und Licht im Mittelalter – Die Entwicklung der Optik von Alkindi bis Kepler. Frankfurt a. M. 1987
–: The Genesis of Kepler's Theory of Light – Light Metaphysics from Plotinus to Kepler. In: Osiris, Vol. 2, S. 5–42
List, Martha: Der handschriftliche Nachlaß der Astronomen Johannes Kepler und Tycho Brahe. In: Veröffentlichungen der Deutschen Geodätischen Kommission, Reihe E, Nr. 2. München 1961
Moulines, C.: Intertheoretic Approximation – The Kepler-Newton Case. In: Synthese, Vol. 45, 1980, S. 387–412
Nicolson, Marjorie: Voyages to the Moon. New York 1948
Oeser, Erhard: Kepler. Die Entstehung der neuzeitlichen Wissenschaft. Göttingen 1971

Pauli, Wolfgang: Der Einfluß der archetypischen Vorstellungen auf die Bildung naturwissenschaftlicher Theorien bei Kepler. In: Naturerklärung und Psyche, Bd. IV., Zürich 1952, S. 109 ff.
Rosen, Edward: Kepler's Attitude toward Astrology and Mysticism. In: Brian Vickers, s. u.
–: Kepler's Early Writings. In: Journal of the History of Ideas, Vol. 46, 1985, S. 449–454
–: Three Imperial Mathematicians. Kepler trapped between Tycho Brahe and Ursus. New York 1986
Rossnagel, Paul: Johannes Keplers Weltbild und Erdenwandel. Leipzig 1930
Sambursky, Shmuel: Kepler in Hegel's Eyes. In: The Israel Academy of Science and Humanities Proceedings 5.3., Jerusalem 1971
Samsonow, Elisabeth von: Die Erzeugung des Sichtbaren – Die philosophische Begründung naturwissenschaftlicher Wahrheit bei Johannes Kepler. München 1986
Seck, Friedrich: Kepler und Tübingen. Eine Ausstellung zum 400. Geburtstag von Johannes Kepler. Tübingen 1971
–: Das Kepler-Museum in Weil der Stadt. Weil der Stadt 1982
Simon, Gérard: Johannes Kepler – Astronome – Astrologue. Paris 1979
Stephenson, Bruce: Kepler's Physical Astronomy. Berlin 1987
Strauss, H. A.; S. Strauss-Kloebe: Die Astrologie des Johannes Kepler. Fellbach ^{2}1981
Straker, S.: Kepler, Tycho and the Optical Part of Astronomy. The Genesis of Kepler's Theory of Pinhole Images. In: Archive for the History of Exact Sciences, Vol. 24, 1981, S. 267–293
Sutter, Berthold: Johannes Kepler und Graz. Graz 1975
–: Der Hexenprozeß gegen Katharina Kepler, Weil der Stadt 1979
Trunz, Erich: Wissenschaft und Kunst im Kreise Kaiser Rudolfs II. 1576–1612. Neumünster 1992
Vickers, Brian W.: Occult and Scientific Mentalities in the Renaissance. Cambridge 1984
Wacker, D. P.: Kepler's Celestial Music. In: Journal of the Warburg and Courtauld Institute, Vol. 30, London 1967
Walter, Kurt: Johannes Kepler und Tübingen. Tübingen 1971
Warburg, Aby M.: Bildersammlung zur Geschichte von Sternglaube und Sternkunde im Hamburger Planetarium. Hg. von Uwe Fleckner u. a., Hamburg 1993
Weizsäcker, Carl Friedrich von: Kopernikus, Kepler, Galilei. Zur Entstehung der neuzeitlichen Wissenschaft. In: Einsichten: Gerhard Krüger zum 60. Geburtstag. Frankfurt a. M. 1962
Wilson, Curtis: Astronomy from Kepler to Newton – Historical Studies. London 1989
Wollgast, Siegfried: Zum philosophischen Weltbild J. Keplers, in: Deutsche Zeitschrift für Philosophie 1 (21), 1973, S. 100–110
Württembergische Kommission für Landesgeschichte (Hg.): Geschichte des humanistischen Schulwesens in Württemberg. 3 Bde., Stuttgart 1912–28

Untersuchungen zu Einzelwerken

Bialas, Volker: Die Rudolphinischen Tafeln von Johannes Kepler. In: Nova Kepleriana N. F., Bd. 2, 1969

–: Materialien zu den Ephemeriden von J. Kepler. In: Nova Kepleriana NF, Bd. 7, 1980

Drake, Stillman; Charles D. O'Malley: The Controversy on the Comets of 1618 – Galilei, Grassi, Guiducci, Kepler. Philadelphia 1960

Field, Judith V.: Two Mathematical Inventions in Kepler ad Vitellionem Paralipomena. In: Studies in History and Philosophy of Science, Vol. 17 [N 4], S. 449–468

Haase, Rudolf: Keplers Weltharmonik heute. Ahlerstedt 1989

Rosen, Edward: Kepler's Somnium. Madison / Wisc. 1967

Namenregister

Die kursiv gesetzten Zahlen bezeichnen die Abbildungen

Über die Autorin

Mechthild Lemcke, geb. 1951, lebt und arbeitet nach Studien in Philosophie, Geschichte und Literaturwissenschaft als freie Autorin in Frankfurt am Main.

Veröffentlichungen: Hegel in Tübingen (Tübingen 1984, mit Christa Hackenesch); Jugendlexikon Philosophie (Reinbek 1988, mit H. Delf, J. Georg-Lauer, C. Hackenesch)

Quellennachweis der Abbildungen

Fondation St. Thomas, Straßburg: 2, 6 oben links
Verlag der Kepler-Gesellschaft, Weil der Stadt: 6 oben rechts
Bildarchiv Preußischer Kulturbesitz, Berlin: 6 Mitte links, 6 unten links, 7 oben rechts, 7 unten links, 36, 48, 126
Photo Deutsches Museum, München: 6 Mitte rechts, 91, 127
Arthur und Peter Beer (Hg.): Kepler. Four Hundred Years. Proceedings of Conferences held in honour of Johannes Kepler. Oxford, New York, Toronto, Sydney, Braunschweig 1975: 6 unten rechts (Courtesy of Prof. G. Abetti, Arcetri-Firenze), 7 unten rechts (Dr. Martha List, München), 87
Aus: Johannes Kepler. Gesammelte Werke. Hg. im Auftrag der Deutschen Forschungsgemeinschaft und der Bayerischen Akademie der Wissenschaften. München (mit freundlicher Genehmigung der Kepler-Kommission in der Bayerischen Akademie der Wissenschaften, München): Bd. 1. Hg. von Max Caspar (1938): 35 unten links, 55, 62, 71, 73; Bd. 2. Hg. von Franz Hammer (1939): 60; Bd. 6. Hg. von Max Caspar (1940): 34 (3), 35 oben (2), 37, 105 (2); Bd. 7. Hg. von Max Caspar (1953): 103; Bd. 10. Bearb. von Franz Hammer (1969): 7 oben links, 131
Landesbildstelle Württemberg, Stuttgart: 12, 14, 25, 27, 100
Zentralbibliothek Zürich: 15
Hauptstaatsarchiv Stuttgart: 21
Staatsgalerie Stuttgart, Graphische Sammlung: 22/23, 23
Archiv für Kunst und Geschichte, Berlin: 30, 145
Aus: Nova Kepleriana 18, München 1933: 35 unten rechts
Bayerische Akademie der Wissenschaften, Kepler-Kommission, München: 40, 41, 67 (Kepler-Mss. Pulkowo [Akademie der Wissenschaften St. Petersburg] Bd. 14, Bl. 68), 141 (Kepler-Mss. Pulkowo Bd. 3, Bl. 1 v)
Erich Trunz: Wissenschaft und Kunst im Kreise Kaiser Rudolfs II. 1576–1612. Neumünster 1992: 49, 52/53 (in: Georg Braun, Franz Hogenberg: Contrafactur vnd Beschreibung der vornembsten Städten der Welt, Bd. 5), 117
Sternkalender 1971/72, Dornbach: 54
Nach: Curtis Wilson: Astronomy from Kepler to Newton. London 1989: 68
Österreichische Nationalbibliothek, Bildarchiv, Wien: 92, 136
Kunsthistorisches Museum Wien: 101 (2)